Arkansas Sky Observatories
Catalog of Cometary Orbits 2002-2017

P. Clay Sherrod

Comet Halley P/1
The "Grandaddy of them all"
Seen last in 1986 to most of us and recorded in this March 22, 1986 image
From Petit Jean Mountain
Nikkor 500mm f/4 Telephoto lens by P. Clay Sherrod / ASO

Printed by Lulu – Publishing and eBook Company
Copyright 2017, P. Clay Sherrod
Printed in the United States of America
All rights reserved, Published 2017

Arkansas Sky Observatories Publications

ISBN: 978-1-365-86986-0

So simple in presentation and precision,
is this Catalog.
But nonetheless it is dedicated to the memory
and in recognition to the great influences provided
by my mentor and old friend in astronomy

Dr. Brian Marsden
Harvard-Smithsonian Observatories

Over the telephone, late at night,
Nearly fifty years ago….

"Hello….Clay Sherrod?
"Are your skies clear tonight?"
….and so began our friendship and celestial experiences.

Brian Marsden 1937-2010
Photo at the historic 15-inch Harvard refractor by Harold Dorwin / CFA

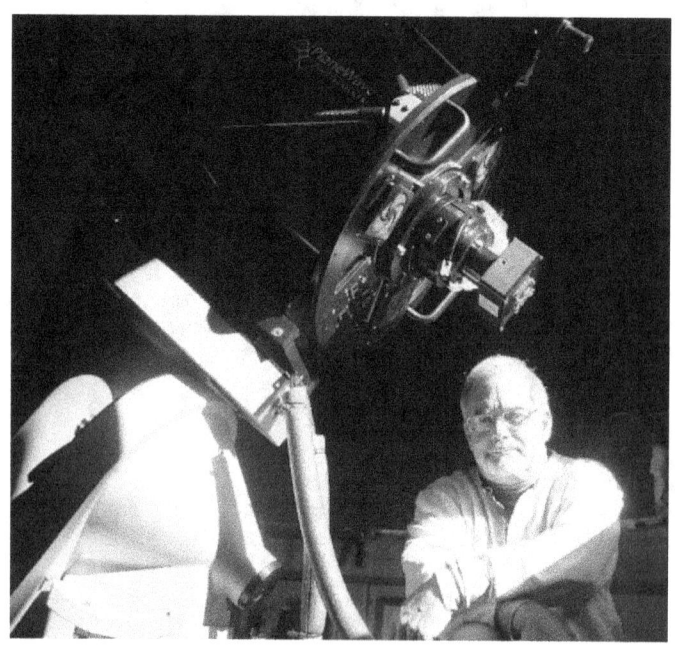

Fifty years of Arkansas Sky Observatories

Arkansas Sky Observatories

CATALOG
of
Cometary Orbits 2002-2017

P. Clay Sherrod
Director, Arkansas Sky Observatories

April, 2017 – Revison 1

ABOUT THE PHOTOGRAPHS: (Cover and Frontis/Title Page)

Cover:
Striking photograph of the comet Hale-Bopp (1995 O1)
As seen in western skies from the dark bluff of Petit Jean Mountain
By the Author

Frontis:

A woodcut from Nuremburg showing
The Great Comet of December 12, 1664.
The bird in the reprresenation indicates
the constellation of Corvus, the Crow

ABOUT ARKANSAS SKY OBSERVATORIES

There is much to say about NOT locating a research observatory in the state of Arkansas: the weather, the humidity, dew point, and ever-increasingly bright skies from unobstructed metropolitan lighting to start. ….

Arkansas Sky Observatories (ASO) was established in May, 1971 as a private facility to advance studies of astronomy, archeology, paleontology, geology, environmental and earth sciences. Since that time, it remains in the forefront in those disciplines and now operates as one of the oldest privately-funded (no public funds are solicited nor utilized) research observatories in the United States.

Primary astronomical studies at the observatories have always focused on physical measureable changes in astronomical objects: novae, supernovae, planetary atmospheres and primarily comets and asteroids. In 1976 the small observatory located near the North Little Rock airport conducted studies of the asteroid 433 Eros and derived the first rotational period and anticipated shape of this minor planet; comets and asteroids were of primary interest at that time.

In 1974, the founder of Arkansas Sky Observatories, *P. Clay Sherrod* (the author) was invited through a phone call from Dr. Brian Marsden of the Harvard-Smithsonian Astrophysical Observatory's Bureau of Astronomical Telegrams to serve – along with only a scant handful of other observatories worldwide – as a confirmation "station" for reported new events in the sky: novae, new comets and other discoveries that needed rapid verification. It was though that, by having not quite one dozen observatories that would be willing to stop what they were doing to verify a reported new star or comet, one of them across the circumference of the globe would be in clear skies at any time.

Before the days of computers, before fax machines, before Internet and cell phones, all of this was done by conversation over the wired telephones late into the morning hours.

Having completed major studies in atmospheric phenomena of the planets Jupiter and Mars, ASO gradually begin to focus on precise astrometric and photometric measurements of the asteroids (minor planets) and comets.

In 1973, the worldwide hysteria surrounding the approach of Comet Kohoutek (1973 E1) left an imprint in the direction that the ASO would take; it was Dr. Marsden – later regrettably admitting – who forecast the illusions of a daylight comet the likes of which modern society had never seen. The comet faded into oblivion but the impact on research and outreach of information to the public remained at ASO.

Arkansas Sky Observatories presently operates three major facilities which continue to contribute to the confirmation and follow-up observations of celestial objects. Today there are hundreds of "ObsCodes", or stations who have earned the right to report data to the International Astronomical Union's Minor Planet Center, at Harvard Observatory in Cambridge, Massachusetts, but few as old and proven as ASO. In fact, out of the hundreds of stations that were granted, less than a few dozen rarely contribute more than fifty observations per year, most far less.

In 2017, ASO surpassed the 100,000 count of digital observations, these having been archived only since 2002; before there were no digital records being kept of observations, only hard copies in the dusty bookshelves of the ASO library.

That count is the single largest for a private, non-funded observatory in the world.

The Comet Observations

Among those 100,000-plus contributions are tens of thousands of detailed and precise orbital plots of over 500 comets since 2002. Many comets have observations spanning two decades and numbering in the upper hundreds. All have been accumulated through the three facilities – H45 (Petit Jean Mountain South / H41 (Petit Jean Mountain) / H43 Conway West; presently H45 is the primary robotic automated station for nearly all observations, located deep in the dark woods of Petit Jean Mountain.

Using the program **Project Pluto *Find Orb***, by Bill Gray, (previous introduction) these tens of thousands of observations from ASO have now been reduced to a selection of about 250 comet orbits, presented in this document.

Although the database for comet orbital data exists for nearly 600 comets from ASO observations, not all comets were included; in some cases the database was too limited or found to have residual error that was not understood or acceptable from perturbations of comets by outside forces.

The following Catalog does contain some comets with limited observations and those few are noted with an asterisk (*) following the title name of the comet page and the explanations for number of observations and residuals. Those limited number of exceptions were included because of either scarcity of distributed data or from unusual aspects of a particular comet in some cases.

Some major comets that are not included are omitted due to possible perturbations which results in very serious residual offsets of data in *FindOrb* and thus are excluded since more work will be necessary to determine exact perturbers and variants of dates over the years.

Nearly all comets studies are nothing more than tiny points of light….very small nebulous spots barely discernable from the many stars in the field. Others may be spectacular. A variety of ASO black and white images is presented in this Catalog, and were randomly selected as either interesting, or characteristic of observations. All photographs were taken at prime focus with the ASO 0.51m f/5.6 astrograph via 2x binned CCD, typically 45 to 75 seconds maximum exposure; exceptions will be the wide field 15cm f/4 wide field astrograph or other equipment as noted.

DERIVATIONS OF ORBITS

All orbits presented were derived using the effective *FindOrb* software developed by Bill Gray of **Project Pluto**, distributed under the *GPL (GNU General Public License), version 2*. (https://www.projectpluto.com/find_orb.htm).

EXPLANATIONS OF ORBITAL ELEMENTS GIVEN

Every comet's orbital elements are given in similar values that are used to produce not only the resulting orbital portrait of each comet, but also a basis on which cometary ephemeris positions and magnitudes can be provided for future dates.

Explanations of the orbital elements of each comet: The following descriptions are from the IAU Minor Planet Center as they apply to small body/comet orbital characteristics found at:

http://www.minorplanetcenter.net/iau/info/OrbElsExplanation.html

Epoch - The epoch of osculation of the orbital elements.
M - Mean anomaly at the epoch.
T - Date of perihelion passage.
n - Mean daily motion (in degrees/day).
a - Semimajor axis (in AU).
z - Reciprocal semimajor axis (in 1/AU).
q - Perihelion distance (in AU).
e - Orbital eccentricity.
P - Orbital period (in years).
Peri. - The J2000.0 argument of perihelion (in degrees).
Node - The J2000.0 longitude of the ascending node (in degrees).
Incl. - The J2000.0 inclination (in degrees).
P and Q vectors - The vectors P and Q are an alternate form of representing the angular elements Peri., Node and Incl. F - or an explanation of how to convert between the two sets of quantities you are referred to standard celestial mechanics textbooks.
U - Uncertainty parameter.

Angular elements are referred to the ecliptic and all elements are heliocentric.

Note that not every element/factor is shown with every comet orbit. Using ProjectPluto's *FindOrb* however, enough information is provided to describe each orbit entirely based on the observations at Arkansas Sky Observatories.

The "G" value is not an orbital element but is sometimes given.

G - Slope parameter. For an explanation of the H,G magnitude system refer to *Application of Photometric Models to Asteroids*, Bowell et al., in *Asteroids II*, 524-556 (published by the University of Arizona Press, ISBN 0-8165-1123-3).

Tisserand's parameter (from the French astronomer Felix Tisserand) is a value calculated from using several of the above-described orbital elements (*semi-major axis, orbital eccentricity, and inclination*) of each comet in respect to a larger "perturbing body" such as Jupiter, Saturn, Uranus, Neptune, Mars and Earth.

$$T_J = \frac{a_J}{a} + 2\left[(1-e^2)\frac{a}{a_J}\right]^{1/2} \cos(i)$$

The parameter is derived from one of the so-called *Delaunay* standard variables, used to study the perturbed *Hamiltonian* in a 3-body system. Ignoring higher-order perturbation terms, the following value is conserved:

The **Barbee** velocity values: Orbital paths of comets gradually change over time, causing some of their orbits to eventually intersect Earth's path.

Any comet or other body which intersects Earth's orbit can potentially collide with Earth, if the timing between this object and the Earth is right, at the point where the two orbital paths intersect. In some cases of Earth-crossing comets, these velocity and projection values are given via *FindOrb*.

The values are derived from analysis from: Brent W. Barbee, M.S.E., and [2]Joseph A. Nuth III, Ph.D. [1]Aerospace Engineer and Planetary Defense Scientist, Emergent Space Technologies, Inc., Greenbelt, MD, USA, [2]Senior Scientist for Primitive Bodies, Solar System Exploration Division, NASA's Goddard Space Flight Center, Greenbelt, MD, 20771, USA.

RESIDUALS AND OBSERVATORY DATA

Each comet summary is accompanied by the observatory data (**Arkansas Sky Observatories** H41 / H43 / H45), the number of observations used in the analysis and the residuals in arc seconds (0.x") for the final parameters. NOTE that if the comet heading (title) as well as the **residual** paragraph is accompanied with an asterisk (*), that signifies that the observation is presented, but does NOT contain enough observational data to be valid. Of over 550 comets observed since 1970 at ASO, some 300 are presented here.

The following list gives the observatory code, longitude (in degrees east of Greenwich) and the parallax constants (rho cos phi' and rho sin phi', where phi' is the geocentric latitude and rho is the geocentric distance in earth radii) for each observatory.

Code	Long.	cos	sin	Name
H41	267.0742	0.81870	+0.57238	ASO Petit Jean Mountain
H43	267.4998	0.81918	+0.57163	ASO Conway
H44	267.7982	0.81880	+0.57220	ASO Cascade Mountain
H45	267.0831	0.81890	+0.57210	ASO Petit Jean Mountain South

Periodic Comets

(Numbered Comets)

An interesting illustration from Augsburg, Germany in which are depicted three comets:
The comet of 1680, Halley's Comet in 1682 and the Comet of 1683
The interesting aspect is the clock face in which the tail of Halley's appears just after the stroke of midnight

Comet 2P - Encke

Orbital elements: P/2
Perihelion 2017 Mar 10.093852 +/- 0.000306 TT = 2:15:08 (JD 2457822.593852)
Epoch 2017 Feb 20.0 TT = JDT 2457804.5
Earth MOID: 0.1732   Ju: 0.9183

M 354.58885 +/- 0.00008   Me: 0.0249   Find_Orb
n 0.29906007 +/- 1.42e-7   Peri. 186.56264 +/- 0.0008
a 2.21460913 +/- 7.03e-7   Node 334.56292 +/- 0.0007
e 0.8483392 +/- 2.32e-6   Incl. 11.77888 +/- 0.00011
P 3.30   M(N) 16.2   K 10.0   U 2.3
q 0.33586924 +/- 5.04e-6   Q 4.09334902 +/- 6.37e-6

From 110 observations 2013 Aug. 19-2017 Feb. 20; mean residual 1".10
Arkansas Sky Observatories H45 – P. Clay Sherrod

State vector (heliocentric equatorial J2000):
+0.121595391643 +0.454974772442 +0.321011208674 AU

-27.069047732976 -9.344074238839 -9.204776903877 mAU/day

MOIDs: Me 0.0249 Ve 0.1393 Ea 0.1732 Ma 0.1533

MOIDs: Ju 0.9183 Sa 5.6143 Ur 15.9901 Ne 25.8632

Elements written: 30 Mar 2017 19:55:12 (JD 2457843.330000)

Full range of obs: 2013 Aug. 19-2017 Feb. 20 (110 observations)

Find_Orb ver: Jan 17 2017 13:36:17

Perturbers: 00000062 ; not using JPL DE

Tisserand relative to Earth: 1.99418

Tisserand relative to Jupiter: 3.02581

Earth encounter velocity 30.0871 km/s

Barbee-style encounter velocity: 39.6822 km/s

Score: 1.081545

Comet **2P Encke** showing very faint tail to northcast of strong and unusual coma.
February 20, 2017 – Arkansas Sky Observatories

* * *

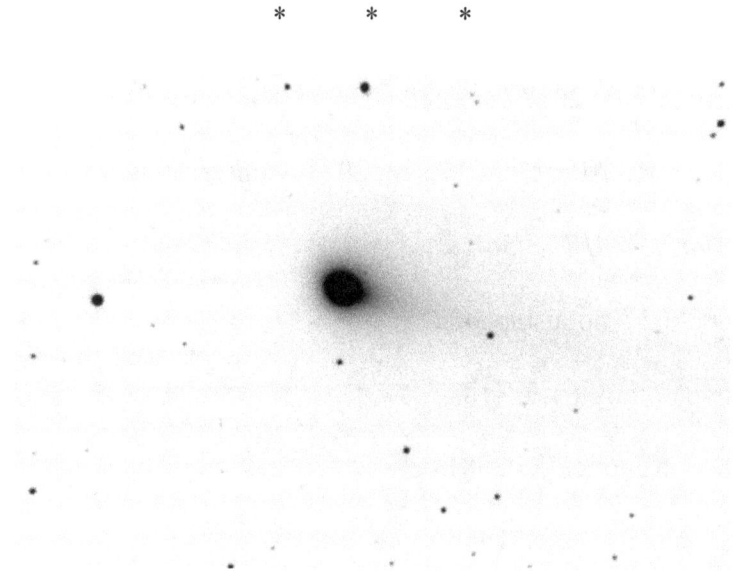

Comet **4P Faye** in neagative projection, showing strong nebulous coma with faint
tapering tail to southweset – October 14, 2006, Arkansas Sky Observatories

Comet 4P - Faye

Orbital elements: P/4

Perihelion 2014 May 29.706232 +/- 0.00113 TT = 16:56:58 (JD 2456807.206232)
Epoch 2015 Mar 17.0 TT = JDT 2457098.5
Earth MOID: 0.6679   Ju: 0.0850

```
M  38.16221 +/- 0.00015                      Find_Orb
n   0.13100937 +/- 3.66e-8     Peri. 205.12556 +/- 0.00020
a   3.83943928 +/- 7.16e-7     Node  199.22541 +/- 0.00007
e   0.5690272 +/- 2.85e-7      Incl.   9.05329 +/- 0.000017
P   7.52     M(N) 10.6   K 10.0   U 1.6
q 1.65469358 +/- 9.36e-7   Q 6.02418499 +/- 1.99e-6
```

From 106 observations 2006 Sept. 26-2015 Mar. 17; mean residual 0".28
Arkansas Sky Observatories H45

State vector (heliocentric equatorial J2000):

-2.599715907480 +1.549290449213 +0.272182860907 AU

-9.723143609126 -4.495778965419 -1.716809003967 mAU/day

MOIDs: Me 1.3376 Ve 0.9322 Ea 0.6679 Ma 0.2192

MOIDs: Ju 0.0850 Sa 3.8307 Ur 12.5796 Ne 24.3076

Elements written: 2 Apr 2017 20:28:30 (JD 2457846.353125)

Full range of obs: 2006 Sept. 26-2015 Mar. 17 (106 observations)

Find_Orb ver: Jan 17 2017 13:36:17

Perturbers: 000001fe ; not using JPL DE

Tisserand relative to Jupiter: 2.75037

Score: 0.335241

Comet 9P – Tempel

Orbital elements: P/9

Perihelion 2016 Aug 2.579986 +/- 0.000199 TT = 13:55:10 (JD 2457603.079986)
Epoch 2016 Jun 19.0 TT = JDT 2457558.5
Earth MOID: 0.5289   Ju: 0.2932

M 352.12393 +/- 0.000035   Ma: 0.0415   Find_Orb
n 0.17667269 +/- 1.18e-8   Peri. 179.20473 +/- 0.00015
a 3.14550049 +/- 1.4e-7   Node 68.74932 +/- 0.00009
e 0.5096020 +/- 9.51e-7   Incl. 10.47394 +/- 0.000015
P 5.58   M(N) 12.2   K 10.0   U 0.7
q 1.54254685 +/- 2.93e-6   Q 4.74845412 +/- 3.17e-6

**From 95 observations 2005 May 3-2016 June 19; mean residual 0".19
Arkansas Sky Observatories H45 – P. Clay Sherrod**

State vector (heliocentric equatorial J2000):
-1.207496778228 -1.014571319397 -0.289500886097 AU

+12.402515390968 -8.622399290066 -6.843963249642 mAU/day

MOIDs: Me 1.0778 Ve 0.8171 Ea 0.5289 Ma 0.0415

MOIDs: Ju 0.2932 Sa 4.3158 Ur 14.5271 Ne 25.0827

Elements written: 30 Mar 2017 20:34:58 (JD 2457843.357616)

Full range of obs: 2005 May 3-2016 June 19 (95 observations)

Find_Orb ver: Jan 17 2017 13:36:17

Perturbers: 000001fe ; not using JPL DE

Tisserand relative to Jupiter: 2.96986

Score: -0.252575

H=12.2

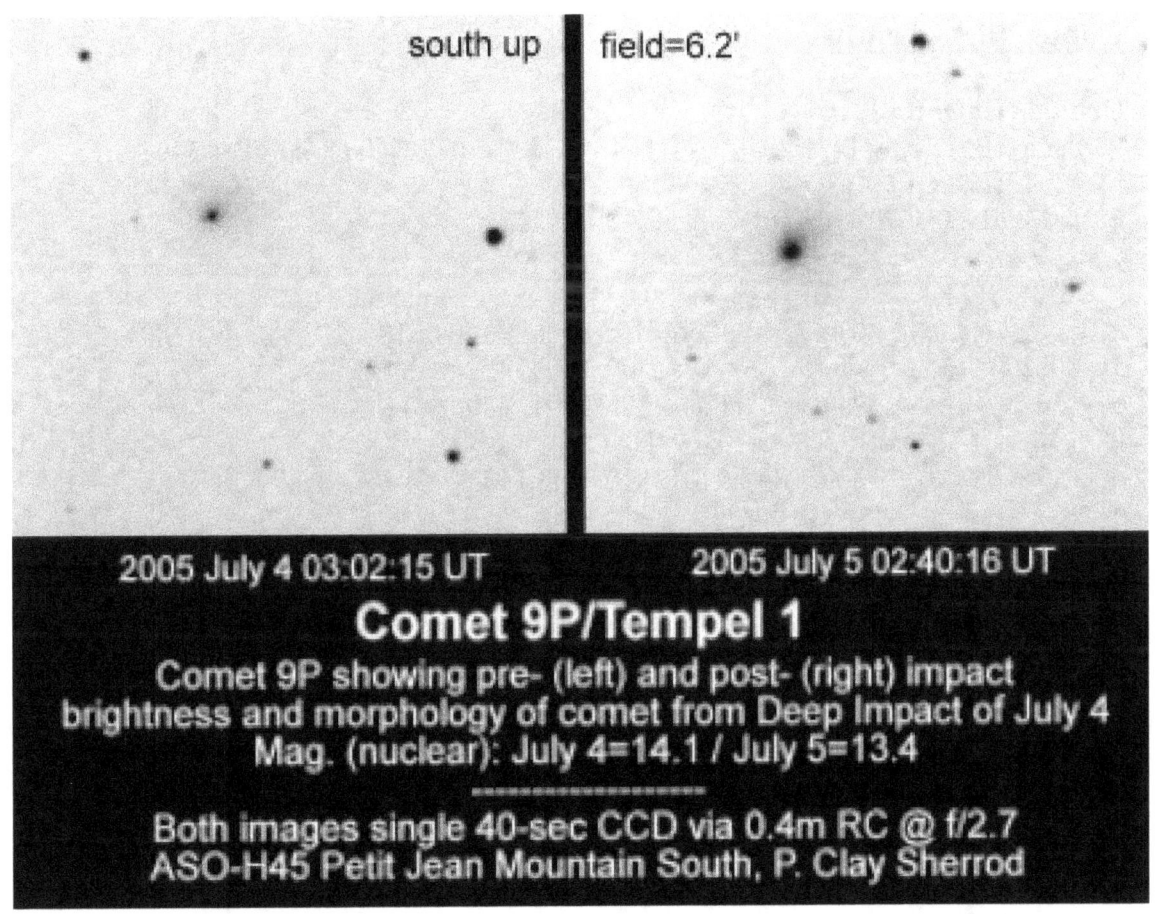

Comparison images from July 4 and July 5, 2005 of the pre-a nd post-impact appearance of Comet 9P Tempel. From Arkansas Sky Observatories H45

Comet 10P - Tempel

Orbital elements: P/10
Perihelion 2015 Nov 14.254949 +/- 0.00405 TT = 6:07:07 (JD 2457340.754949)
Epoch 2015 Jun 12.0 TT = JDT 2457185.5
Earth MOID: 0.4070   Ju: 0.6188

M 331.46811 +/- 0.0007   Ma: 0.0241   Find_Orb
n 0.18377438 +/- 3.03e-7   Peri. 195.54662 +/- 0.0018
a 3.06393396 +/- 3.37e-6   Node 117.80479 +/- 0.0010
e 0.5373040 +/- 2.49e-6   Incl. 12.02885 +/- 0.00013
P 5.36   M(N) 13.2   K 10.0   U 2.9
q 1.41766981 +/- 9.12e-6   Q 4.71019810 +/- 3.16e-6

From 24 observations 2011 Jan. 27-2015 June 12; mean residual 0".27
Arkansas Sky Observatories H45

State vector (heliocentric equatorial J2000):

-1.335816645337 -1.572392054139 -0.240637417382 AU

+13.096378840137 -2.378511475793 -3.341240733527 mAU/day

MOIDs: Me 0.9947 Ve 0.6895 Ea 0.4070 Ma 0.0241

MOIDs: Ju 0.6188 Sa 4.4214 Ur 13.7427 Ne 25.3483

Elements written: 30 Mar 2017 20:40:00 (JD 2457843.361111)

Full range of obs: 2011 Jan. 27-2015 June 12 (24 observations)

Find_Orb ver: Jan 17 2017 13:36:17

Perturbers: 00000060 ; not using JPL DE

Tisserand relative to Earth: 3.21410

Tisserand relative to Jupiter: 2.96419

Score: -0.164623

Comet 17P - Holmes

Orbital elements: P/17
Perihelion 2014 Mar 27.529522 +/- 0.00524 TT = 12:42:30 (JD 2456744.029522)
Epoch 2014 Nov 20.0 TT = JDT 2456981.5   Ju: 0.4792

M 33.98990 +/- 0.0007
n 0.14313317 +/- 5.96e-8   Peri. 24.52782 +/- 0.0020
a 3.61944937 +/- 1e-6   Node 326.76416 +/- 0.0011
e 0.4317347 +/- 1.21e-5   Incl. 19.09176 +/- 0.00015
P 6.89   M(N) 8.6   K 10.0   U 2.2
q 2.05680735 +/- 4.32e-5   Q 5.18209139 +/- 4.49e-5

330 of 331 observations 2007 Oct. 25-2014 Nov. 20; mean residual 1".87
Arkansas Sky Observatories H45

State vector (heliocentric equatorial J2000):

+0.878542274063 +1.862541442344 +1.747740124712 AU

-8.770766276692 +6.881404161411 +3.616005325068 mAU/day

MOIDs: Me 1.6953 Ve 1.3476 Ea 1.0629 Ma 0.7101

MOIDs: Ju 0.4792 Sa 4.2651 Ur 13.1761 Ne 25.0774

Elements written: 30 Mar 2017 20:49:35 (JD 2457843.367766)

Full range of obs: 2007 Oct. 25-2014 Nov. 20 (331 observations)

Find_Orb ver: Jan 17 2017 13:36:17

Perturbers: 000001fe ; not using JPL DE

Tisserand relative to Jupiter: 2.85943

Score: 2.071749

Comet Holmes, November 12, 2007 from Arkansas Sky Observatories; lower photo shows image in negative to show faint tail detail

Comet 17P Holmes, 2007 Nov. 12, 01:40 UT, ASO-H45, P. Clay Sherrod, 0.4m SCT @ f/3 CCD
Coma = 15.9'; m2 = 13.6; m1 = 2.5; very bright central cloud offset from distinct stellar nucleus
Field = 12' x 7', South UP

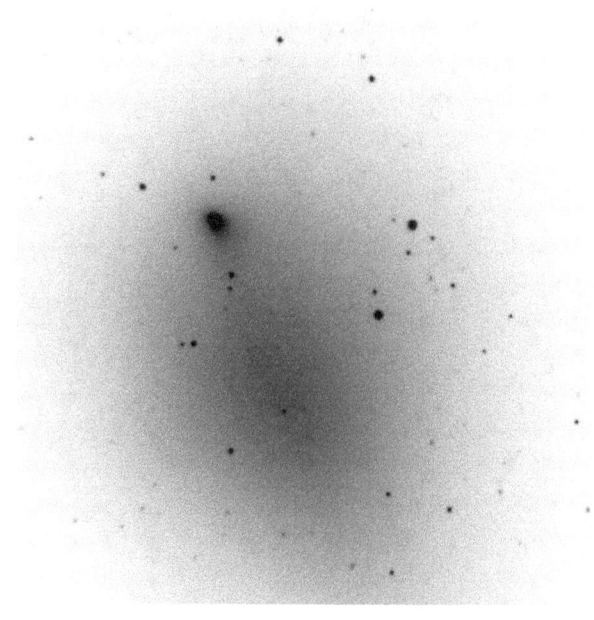

Comet 19P - Borrelly

Orbital elements: P/19

Perihelion 2015 May 28.936100 +/- 0.00894 TT = 22:27:59 (JD 2457171.436100)
Epoch 2016 Jan 14.0 TT = JDT 2457401.5
Earth MOID: 0.3657   Ju: 0.4597

M 33.16274 +/- 0.0013
n 0.14414580 +/- 1.93e-7   Peri. 353.47727 +/- 0.0012
a 3.60247833 +/- 3.22e-6   Node   75.36101 +/- 0.0007
e 0.6255524 +/- 7.15e-6   Incl. 30.36660 +/- 0.00017
P 6.84   M(N) 11.7   K 10.0   U 2.9
q 1.34893931 +/- 2.54e-5   Q 5.85601736 +/- 2.81e-5

From 71 observations 2008 Dec. 12-2016 Jan. 14; mean residual 0".41
Arkansas Sky Observatories H45/H41

State vector (heliocentric equatorial J2000):

-2.323981120849 -0.432853470937 +1.265417544234 AU

-6.953497663370 -9.414844434024 -1.260450594802 mAU/day

MOIDs: Me 1.0429 Ve 0.6293 Ea 0.3657 Ma 0.1814

MOIDs: Ju 0.4597 Sa 4.1574 Ur 13.1190 Ne 24.4484

Elements written: 30 Mar 2017 20:52:51 (JD 2457843.370035)

Full range of obs: 2008 Dec. 12-2016 Jan. 14 (71 observations)

Find_Orb ver: Jan 17 2017 13:36:17

Perturbers: 000001fe ; not using JPL DE

Tisserand relative to Earth: 2.83288

Tisserand relative to Jupiter: 2.56458

Score: 0.723027

Comet 19P Borrelly December 25, 2008 from Arkansas Sky Observatories.
Note the long and linear thin tail and pronounced elongated coma

Comet 22P - Kopff

Orbital elements: P/22

Perihelion 2015 Oct 25.100703 +/- 0.00437 TT = 2:25:00 (JD 2457320.600703)
Epoch 2015 May 22.0 TT = JDT 2457164.5
Earth MOID: 0.5425   Ju: 0.0774

```
M 335.94205 +/- 0.0006                          Find_Orb
n  0.15411808 +/- 3e-7       Peri. 162.89477 +/- 0.00043
a  3.44535232 +/- 4.48e-6    Node  120.87320 +/- 0.00026
e  0.5477034 +/- 2.7e-6      Incl.   4.73711 +/- 0.000040
P  6.40        M(N) 11.2   K 10.0    U 2.9
q 1.55832088 +/- 1.13e-5   Q 5.33238375 +/- 2.45e-6
```

**From 75 observations 2009 June 26-2015 May 22; mean residual 0".22
Arkansas Sky Observatories H45/H41**

\# State vector (heliocentric equatorial J2000):

\#   -1.931827142971 -0.939426013195 -0.213646053099 AU

\# +10.756039111237 -7.646931609595 -3.754794321376 mAU/day

\# MOIDs: Me 1.1067 Ve 0.8324 Ea 0.5425 Ma 0.1482

\# MOIDs: Ju 0.0774 Sa 3.6989 Ur 13.4281 Ne 24.5980

\# Elements written: 30 Mar 2017 20:54:58 (JD 2457843.371505)

\# Full range of obs: 2009 June 26-2015 May 22 (75 observations)

\# Find_Orb ver: Jan 17 2017 13:36:17

\# Perturbers: 000001fe ; not using JPL DE

\# Tisserand relative to Jupiter: 2.86723

\# Score: 0.241849

Comet 29P – Schwassmann-Wachmann

Orbital elements: P/29

Perihelion 2019 Apr 4.374109 +/- 0.00869 TT = 8:58:43 (JD 2458577.874109)
Epoch 2015 Jul 14.0 TT = JDT 2457217.5   Ju: 0.7643

M 269.03725 +/- 0.00052
n 0.06686597 +/- 5.12e-8   Peri. 49.77044 +/- 0.00043
a 6.01172698 +/- 3.07e-6   Node 312.40812 +/- 0.000053
e 0.0416540 +/- 4.37e-7   Incl.   9.37713 +/- 0.000011
P 14.74   M(N) 4.1   K 10.0   U 1.6
q 5.76131395 +/- 5.49e-6   Q 6.26214002 +/- 1.12e-6

From 453 observations 2005 Sept. 30-2015 July 14; mean residual 0".48
Arkansas Sky Observatories H45 / H41 / H43

State vector (heliocentric equatorial J2000):

-0.330099831128 -5.201909294311 -3.024556109299 AU

+6.947367964941 -0.500987742960 +0.683287232056 mAU/day

MOIDs: Me 5.4048 Ve 5.0479 Ea 4.7655 Ma 4.3833

MOIDs: Ju 0.7643 Sa 2.9565 Ur 12.0899 Ne 23.8850

Elements written: 30 Mar 2017 20:57:08 (JD 2457843.373009)

Full range of obs: 2005 Sept. 30-2015 July 14 (453 observations)

Find_Orb ver: Jan 17 2017 13:36:17

Perturbers: 000001fe ; not using JPL DE

Tisserand relative to Jupiter: 2.98472

Score: 0.507072

Comet 29P on December 2, 2008 and after outburst (below), January 29 2009

Comet 29P Schwassmann-Wachmann - 2009 Jan. 21, 07:39:50 UT
Image from Arkansas Sky Observatory, H45, Petit Jean Mountain South, Arkansas
P. Clay Sherrod - 0.5m f/4.7 Astrography, 2-60sec exposures
Note the curved jet emanating from the center of the comet

Comet 30P - Reinmuth

Orbital elements: P/30

Perihelion 2017 Aug 19.139142 +/- 0.000719 TT = 3:20:21 (JD 2457984.639142)
Epoch 2017 Jan 27.0 TT = JDT 2457780.5
Earth MOID: 0.8924   Ju: 0.1581

```
M 332.51034 +/- 0.00009                     Find_Orb
n  0.13466135 +/- 1.57e-8    Peri.  13.27395 +/- 0.00031
a  3.76970527 +/- 2.92e-7    Node   119.70599 +/- 0.00013
e  0.5021383 +/- 1.51e-6     Incl.  8.12858 +/- 0.000025
P  7.32       M(N) 13.0   K 10.0    U 1.1
q 1.87679160 +/- 5.64e-6   Q 5.66261895 +/- 5.84e-6
```

From 102 observations 2009 Oct. 20-2017 Jan. 27; mean residual 0".31
Arkansas Sky Observatories H45 / H41 / H43

State vector (heliocentric equatorial J2000):

+1.403023212758 +2.042924045308 +0.534989382179 AU

-12.160221304693 +1.565289631746 +2.146254642393 mAU/day

MOIDs: Me 1.5439 Ve 1.1585 Ea 0.8924 Ma 0.2225

MOIDs: Ju 0.1581 Sa 4.2450 Ur 14.1876 Ne 24.4119

Elements written: 30 Mar 2017 20:59:20 (JD 2457843.374537)

Full range of obs: 2009 Oct. 20-2017 Jan. 27 (102 observations)

Find_Orb ver: Jan 17 2017 13:36:17

Perturbers: 000001fe ; not using JPL DE

Tisserand relative to Jupiter: 2.83766

Score: 0.462684

Comet 31P – Schwassmann-Wachmann

Orbital elements: P/31

Perihelion 2010 Sep 29.626671 +/- 0.674 TT = 15:02:24 (JD 2455469.126671)
Epoch 2011 Jan 29.0 TT = JDT 2455590.5   Ju: 0.0562

M 13.68935 +/- 0.029
n 0.11278714 +/- 0.00081   Peri. 17.95809 +/- 0.10
a 4.24257617 +/- 0.0202   Node 114.18671 +/- 0.010
e 0.1928937 +/- 0.00339   Incl.   4.54639 +/- 0.00044
P 8.74   M(N) 11.5   K 10.0   U 8.0
q 3.42420975 +/- 0.00198   Q 5.06094259 +/- 0.0383

From 19 observations 2010 Feb. 18-2011 Jan. 29; mean residual 0".95
Arkansas Sky Observatories H45

State vector (heliocentric equatorial J2000):

-3.065929026049 +1.394299333052 +0.790307717222 AU

-5.107549991341 -8.194925193255 -2.842008344440 mAU/day

MOIDs: Me 3.0920 Ve 2.7060 Ea 2.4393 Ma 1.7696

MOIDs: Ju 0.0562 Sa 4.7863 Ur 14.4976 Ne 24.9941

Elements written: 30 Mar 2017 21:01:05 (JD 2457843.375752)

Full range of obs: 2010 Feb. 18-2011 Jan. 29 (19 observations)

Find_Orb ver: Jan 17 2017 13:36:17

Perturbers: 00000020 ; not using JPL DE

Tisserand relative to Jupiter: 2.99290

Score: 1.038694

Comet 32P – Comas Sola

Orbital elements: P/32

Perihelion 2014 Oct 17.536413 +/- 0.0105 TT = 12:52:26 (JD 2456948.036413)
Epoch 2015 Apr 21.0 TT = JDT 2457133.5   Ju: 0.2459

M 19.09749 +/- 0.0035
n 0.10297167 +/- 2.44e-5   Peri. 53.32331 +/- 0.0016
a 4.50807222 +/- 0.000711   Node   57.83439 +/- 0.0018
e 0.5561507 +/- 6.72e-5   Incl.   9.96918 +/- 0.00037
P 9.57   M(N) 10.2   K 10.0   U 5.6
q 2.00090468 +/- 1.57e-5   Q 7.01523977 +/- 0.00141

**From 32 observations 2014 Jan. 14-2015 Apr. 21; mean residual 0".43
Arkansas Sky Observatories H45**

State vector (heliocentric equatorial J2000):

-2.538059255399 -0.112169468186 +0.367389837763 AU

-5.310104092877 -10.603328538851 -4.928079524469 mAU/day

MOIDs: Me 1.6839 Ve 1.2884 Ea 1.0356 Ma 0.4325

MOIDs: Ju 0.2459 Sa 3.2317 Ur 12.6305 Ne 23.2582

Elements written: 30 Mar 2017 21:03:22 (JD 2457843.377338)

Full range of obs: 2014 Jan. 14-2015 Apr. 21 (32 observations)

Find_Orb ver: Jan 17 2017 13:36:17

Perturbers: 00000060 ; not using JPL DE

Tisserand relative to Jupiter: 2.67800

Score: 0.704732

Comet 41P – Tuttle-Giacobini-Kresak

Orbital elements: P/41

Perihelion 2017 Apr 12.752217 +/- 3.53e-5 TT = 18:03:11 (JD 2457856.252217)
Epoch 2017 Mar 28.0 TT = JDT 2457840.5
Earth MOID: 0.1336   Ju: 0.4873

M 357.13218 +/- 0.00054
n 0.18205786 +/- 3.51e-5   Peri. 62.15626 +/- 0.00011
a 3.08316249 +/- 0.000396   Node 141.06839 +/- 0.000058
e 0.6610525 +/- 4.26e-5   Incl.   9.22726 +/- 0.00050
P 5.41   M(N) 15.9   K 10.0   U 5.9
q 1.04502993 +/- 2.95e-6   Q 5.12129506 +/- 0.00079

From 70 observations 2017 Feb. 16-Mar. 28; mean residual 0".09
Arkansas Sky Observatories H45

State vector (heliocentric equatorial J2000):

-1.057246027949 -0.121297783686 +0.076199878441 AU

+4.594838024857 -19.949919071327 -6.294616433730 mAU/day

MOIDs: Me 0.6231 Ve 0.3331 Ea 0.1336 Ma 0.1444

MOIDs: Ju 0.4873 Sa 4.2579 Ur 14.8752 Ne 24.7469

Elements written: 30 Mar 2017 20:29:03 (JD 2457843.353507)

Full range of obs: 2017 Feb. 16-Mar. 28 (70 observations)

Find_Orb ver: Jan 17 2017 13:36:17

Perturbers: 00000408 (Sun/Earth/Moon); not using JPL DE

Tisserand relative to Earth: 2.92528

Tisserand relative to Jupiter: 2.82787

Barbee-style encounter velocity: 9.0168 km/s

Score: -0.379970

Comet 41P Tuttle-Giacobini-Kresak from Arkansas Sky Observatories H45.
Note the very strong and elongated central coma and slight extensions emanating from the bright core of this comet.

Comet 43P – Wolf-Harrington

Orbital elements: P/43

Perihelion 2010 Jul 1.090436 TT = 2:10:13 (JD 2455378.590436)
Epoch 2009 Dec 16.0 TT = JDT 2455181.5
Earth MOID: 0.3743   Ju: 0.0531

M 328.42751
n 0.16019286   Peri. 191.38749
a 3.35769006   Node   249.89924
e 0.5962086   Incl.   15.96326
P 6.15   M(N) 11.2   K 10.0   q 1.35580627 Q 5.35957386

**From 14 observations 2009 Aug. 25-Dec. 16; mean residual 3".93
Arkansas Sky Observatories H41 H45**

State vector (heliocentric equatorial J2000):

+2.195844721037 -0.932158597201 +0.316909312150 AU

-2.933330996390 +11.844334051849 +2.984696165864 mAU/day

MOIDs: Me 1.0509 Ve 0.6374 Ea 0.3743 Ma 0.1198

MOIDs: Ju 0.0531 Sa 4.6842 Ur 13.7412 Ne 24.9203

Elements written: 30 Mar 2017 21:06:09 (JD 2457843.379271)

Full range of obs: 2009 Aug. 25-Dec. 16 (14 observations)

Find_Orb ver: Jan 17 2017 13:36:17

Perturbers: 00000020 ; not using JPL DE

Tisserand relative to Earth: 3.12658

Tisserand relative to Jupiter: 2.78976

Score: 3.930864

Comet 44P - Reinmuth

Orbital elements: P/44

Perihelion 2015 Mar 24.054615 +/- 0.003 TT = 1:18:38 (JD 2457105.554615)
Epoch 2016 Mar 4.0 TT = JDT 2457451.5   Ju: 0.5157   Find_Orb

M 48.04890 +/- 0.00041
n 0.13889157 +/- 1.93e-8   Peri. 58.26546 +/- 0.0009
a 3.69276870 +/- 3.41e-7   Node 286.45750 +/- 0.0007
e 0.4262905 +/- 5.69e-6   Incl.   5.89587 +/- 0.00009
P 7.10   M(N) 12.1   K 10.0   U 1.7
q 2.11857646 +/- 2.11e-5   Q 5.26696093 +/- 2.08e-5

From 54 observations 2008 Sept. 27-2016 Mar. 4; mean residual 0".32
Arkansas Sky Observatories H45

State vector (heliocentric equatorial J2000):

+0.457692447725 +2.834030573833 +1.378505066174 AU

-8.644251935239 +5.343462767808 +1.559694320263 mAU/day

MOIDs: Me 1.7483 Ve 1.4029 Ea 1.1177 Ma 0.7626

MOIDs: Ju 0.5157 Sa 4.1294 Ur 13.0624 Ne 24.9514

Elements written: 30 Mar 2017 21:08:13 (JD 2457843.380706)

Full range of obs: 2008 Sept. 27-2016 Mar. 4 (54 observations)

Find_Orb ver: Jan 17 2017 13:36:17

Perturbers: 000001fe ; not using JPL DE

Tisserand relative to Jupiter: 2.92510

Score: 0.430577

Comet 45P – Honda-Mrkos-Pajdusakova

Orbital elements: P/45

Perihelion 2016 Dec 31.262598 +/- 0.000132 TT = 6:18:08 (JD 2457753.762598)
Epoch 2017 Mar 28.0 TT = JDT 2457840.5
Earth MOID: 0.0603   Ju: 0.1059

M 16.25457 +/- 0.000026   Ve: 0.0018   Ma: 0.0153
n   0.18739982 +/- 2.06e-8   Peri. 326.30156 +/- 0.0006
a   3.02428880 +/- 2.22e-7   Node   88.96341 +/- 0.00059
e   0.8239066 +/- 2.73e-7   Incl.   4.24754 +/- 0.000025
P 5.26   M(N) 17.2   K 10.0   U 1.0
q 0.53255722 +/- 7.86e-7   Q 5.51602037 +/- 1.23e-6

**From 79 observations 1971 July 26-2017 Mar. 28; mean residual 0".99
Arkansas Sky Observatories H41 / H43 / H45**

State vector (heliocentric equatorial J2000):

-1.575195213817   +0.119849163691   +0.179717044596 AU

-13.773156194967   -8.794024160233   -2.711323806866 mAU/day

MOIDs: Me 0.2208 Ve 0.0018 Ea 0.0603 Ma 0.0153

MOIDs: Ju 0.1059 Sa 4.4196 Ur 13.2431 Ne 24.8071

Elements written: 30 Mar 2017 19:46:21 (JD 2457843.323854)

Full range of obs: 2011 July 26-2017 Mar. 28 (79 observations)

Find_Orb ver: Jan 17 2017 13:36:17

Perturbers: 000005fe ; not using JPL DE

Tisserand relative to Earth: 2.29637

Tisserand relative to Jupiter: 2.58225

Earth encounter velocity 25.1648 km/s

Barbee-style encounter velocity: 25.0308 km/s

Score: 0.702582

Comet 45P Honda-Mrkos-Pajdusakova as it leaves an outstanding year of prominence. March 4, 2017 from the Astrograph at Arkansas Sky Observatories.

Comet 49P – Arend-Rigaux

Orbital elements: P/49

Perihelion 2011 Oct 19.098930 +/- 0.000866 TT = 2:22:27 (JD 2455853.598930)
Epoch 2012 Jun 15.0 TT = JDT 2456093.5
Earth MOID: 0.4632   Ju: 0.1555

M 35.14712 +/- 0.0012
n 0.14650673 +/- 4.68e-6   Peri. 332.80708 +/- 0.00021
a 3.56367150 +/- 7.58e-5   Node 118.87322 +/- 0.00015
e 0.6004242 +/- 9.97e-6   Incl. 19.04967 +/- 0.000057
P 6.73   M(N) 13.3   K 10.0   U 4.5
q 1.42395678 +/- 6.6e-6   Q 5.70338622 +/- 0.000157

**From 134 observations 2012 Jan. 23-June 15; mean residual 0".34
Arkansas Sky Observatories H41 / H45**

State vector (heliocentric equatorial J2000):

-2.468109843709 -1.024261424775 +0.503709258378 AU

-3.044098162354 -11.047654375085 -1.813385695386 mAU/day

MOIDs: Me 1.1245 Ve 0.7217 Ea 0.4632 Ma 0.1101

MOIDs: Ju 0.1555 Sa 4.4547 Ur 13.7119 Ne 24.5863

Elements written: 30 Mar 2017 21:11:50 (JD 2457843.383218)

Full range of obs: 2012 Jan. 23-June 15 (134 observations)

Find_Orb ver: Jan 17 2017 13:36:17

Perturbers: 00000020 ; not using JPL DE

Tisserand relative to Earth: 3.13449

Tisserand relative to Jupiter: 2.71121

Score: 0.602149

Comet 50P - Arend

Orbital elements: P/50

Perihelion 2007 Oct 29.886617 TT = 21:16:43 (JD 2454403.386617)
Epoch 2008 Jan 27.0 TT = JDT 2454492.5
Earth MOID: 0.9563   Ju: 0.7574

M 11.87230
n 0.13322692   Peri. 47.12791
a 3.79671532   Node 356.32351
e 0.4992719   Incl. 19.07285
P 7.40   M(N) 14.0   K 10.0   q 1.90112201   Q 5.69230864

**17 of 29 observations 2008 Jan. 20-27; mean residual 0".51
Arkansas Sky Observatories H41 / H45**

State vector (heliocentric equatorial J2000):

+0.264753579878 +1.497822618673 +1.378857431051 AU

-13.612581101920 +3.876780916991 +3.162590071859 mAU/day

MOIDs: Me 1.5951 Ve 1.2181 Ea 0.9563 Ma 0.5845

MOIDs: Ju 0.7574 Sa 4.5132 Ur 13.0551 Ne 24.8726

Elements written: 30 Mar 2017 21:14:48 (JD 2457843.385278)

Full range of obs: 2008 Jan. 20-2016 Jan. 13 (29 observations)

Find_Orb ver: Jan 17 2017 13:36:17

Perturbers: 00000000 (unperturbed orbit); not using JPL DE

Tisserand relative to Jupiter: 2.76947

Score: 0.756859

Comet 52P – Harrington-Abell

Orbital elements: P/52

Perihelion 2014 Mar 7.536495 +/- 0.00101 TT = 12:52:33 (JD 2456724.036495)
Epoch 2014 Mar 31.0 TT = JDT 2456747.5   Earth MOID: 0.8028   Ju: 0.0348

M   3.04935 +/- 0.00025
n   0.12996146 +/- 5.78e-6   Peri. 139.61178 +/- 0.0006
a   3.86005048 +/- 0.000114   Node   336.85143 +/- 0.00027
e   0.5406387 +/- 1.3e-5   Incl. 10.23104 +/- 0.000047
P   7.58   M(N) 13.2   K 10.0   U 4.6
q 1.77315778 +/- 3.88e-6   Q 5.94694318 +/- 0.000226

**From 98 observations 2013 Nov. 13-2014 Mar. 31; mean residual 0".26
Arkansas Sky Observatories H45**

\# State vector (heliocentric equatorial J2000):

\# -1.119163820678 +1.210947065941 +0.688998870935 AU

\# -13.091951463180 -7.121611633828 -5.691435523378 mAU/day

\# MOIDs: Me 1.4521 Ve 1.0580 Ea 0.8028 Ma 0.1617

\# MOIDs: Ju 0.0348 Sa 4.1240 Ur 13.7635 Ne 24.2436

\# Elements written: 30 Mar 2017 21:16:48 (JD 2457843.386667)

\# Full range of obs: 2013 Nov. 13-2014 Mar. 31 (98 observations)

\# Find_Orb ver: Jan 17 2017 13:36:17

\# Perturbers: 00000020 ; not using JPL DE

\# Tisserand relative to Jupiter: 2.77410

\# Score: 0.258043

Comet 56P – Slaughter-Burnham

Orbital elements: P/56

Perihelion 2016 Jul 18.426527 +/- 0.0669 TT = 10:14:12 (JD 2457587.926527)
Epoch 2017 Mar 19.0 TT = JDT 2457831.5   Ju: 0.0239

M   20.93865 +/- 0.008
n   0.08596443 +/- 1.57e-5   Peri.   44.22362 +/- 0.033
a   5.08460054 +/- 0.00062   Node 345.98135 +/- 0.0053
e   0.5065889 +/- 6.73e-5   Incl.   8.14779 +/- 0.00021
P   11.47   M(N) 11.2   K 10.0   U 5.3
q 2.50879806 +/- 0.000489   Q 7.66040303 +/- 0.000949

From 11 observations 2016 Dec. 21-2017 Mar. 19; mean residual 0".17 Arkansas Sky Observatories H45

State vector (heliocentric equatorial J2000):

-0.232674291366 +2.637665335082 +1.597365552336 AU

-11.080721265732 +2.932875897869 +1.340847018506 mAU/day

MOIDs: Me 2.1862 Ve 1.7947 Ea 1.5214 Ma 1.0933

MOIDs: Ju 0.0239 Sa 2.3654 Ur 10.8621 Ne 22.7400

Elements written: 30 Mar 2017 21:18:31 (JD 2457843.387859)

Full range of obs: 2016 Dec. 21-2017 Mar. 19 (11 observations)

Find_Orb ver: Jan 17 2017 13:36:17

Perturbers: 00000000 (unperturbed orbit); not using JPL DE

Tisserand relative to Jupiter: 2.71073

Score: 0.054687

Comet 59P – Kearns-Kwee

Orbital elements: P/59

Perihelion 2009 Mar 7.653023 +/- 0.00184 TT = 15:40:21 (JD 2454898.153023)
Epoch 2010 Mar 10.0 TT = JDT 2455265.5   Ju: 0.0096

M 38.05014 +/- 0.0011
n 0.10358092 +/- 2.63e-6   Peri. 127.52667 +/- 0.0006
a 4.49037748 +/- 7.6e-5   Node 313.03201 +/- 0.00027
e 0.4754727 +/- 8.14e-6   Incl.   9.34030 +/- 0.000023
P 9.52   M(N) 12.2   K 10.0   U 4.1
q 2.35532553 +/- 4.16e-6   Q 6.62542943 +/- 0.000149

From 146 observations 2008 Aug. 27-2010 Mar. 10; mean residual 0".35
Arkansas Sky Observatories H41 / H45

State vector (heliocentric equatorial J2000):

-3.429984260464 +0.649901002387 -0.099609331381 AU

-5.651032654915 -6.981490826912 -4.783776091056 mAU/day

MOIDs: Me 2.0483 Ve 1.6430 Ea 1.3847 Ma 0.8105

MOIDs: Ju 0.0096 Sa 3.6278 Ur 12.5567 Ne 23.7416

Elements written: 30 Mar 2017 21:20:17 (JD 2457843.389086)

Full range of obs: 2008 Aug. 27-2010 Mar. 10 (146 observations)

Find_Orb ver: Jan 17 2017 13:36:17

Perturbers: 00000060 ; not using JPL DE

Tisserand relative to Jupiter: 2.77158

Score: 0.592181

Comet 61P – Shajn-Schaldach

Orbital elements: P/61

Perihelion 2015 Oct 2.179719 +/- 0.00737 TT = 4:18:47 (JD 2457297.679719)
Epoch 2016 Jan 3.0 TT = JDT 2457390.5   Ju: 0.3084

M 12.95497 +/- 0.0010
n 0.13957053 +/- 1.59e-8   Peri. 221.92455 +/- 0.0032
a 3.68078299 +/- 2.8e-7   Node 163.01810 +/- 0.0008
e 0.4256669 +/- 5.07e-6   Incl. 6.00596 +/- 0.000048
P 7.06   M(N) 12.9   K 10.0   U 2.1
q 2.11399543 +/- 1.86e-5   Q 5.24757054 +/- 1.88e-5

**From 55 observations 2008 Sept. 23-2016 Jan. 3; mean residual 0".87
Arkansas Sky Observatories H45**

State vector (heliocentric equatorial J2000):

+1.137444896892 +1.837230225676 +0.549599194062 AU

-10.300765636809 +8.363307112810 +2.998586274467 mAU/day

MOIDs: Me 1.7822 Ve 1.3895 Ea 1.1217 Ma 0.6947

MOIDs: Ju 0.3084 Sa 4.4302 Ur 13.1649 Ne 25.0671

Elements written: 30 Mar 2017 21:21:54 (JD 2457843.390208)

Full range of obs: 2008 Sept. 23-2016 Jan. 3 (55 observations)

Find_Orb ver: Jan 17 2017 13:36:17

Perturbers: 000001fe ; not using JPL DE

Tisserand relative to Jupiter: 2.92741

Score: 0.981743

Comet 63P - Wild

Orbital elements: P/63

Perihelion 2013 Apr 10.772496 +/- 0.00105 TT = 18:32:23 (JD 2456393.272496)
Epoch 2013 Apr 29.0 TT = JDT 2456411.5
Earth MOID: 0.9604   Sa: 0.4335

M 1.36177 +/- 0.00012
n 0.07470970 +/- 2.73e-6   Peri. 169.00065 +/- 0.00053
a 5.58321954 +/- 0.000136   Node 358.01129 +/- 0.00009
e 0.6506530 +/- 8.1e-6   Incl. 19.78134 +/- 0.00008
P 13.19   M(N) 11.9   K 10.0   U 4.1
q 1.95048090 +/- 4.16e-6   Q 9.21595817 +/- 0.00027

From 171 observations 2012 Nov. 20-2013 Apr. 29; mean residual 0".35
Arkansas Sky Observatories H45

State vector (heliocentric equatorial J2000):

-1.952895606470 +0.125779645129 +0.086684512544 AU

-2.128487139737 -11.381821630523 -10.726146572592 mAU/day

MOIDs: Me 1.5770 Ve 1.2311 Ea 0.9604 Ma 0.2929

MOIDs: Ju 1.3057 Sa 0.4335 Ur 10.8993 Ne 20.7211

Elements written: 30 Mar 2017 21:23:22 (JD 2457843.391227)

Full range of obs: 2012 Nov. 20-2013 Apr. 29 (171 observations)

Find_Orb ver: Jan 17 2017 13:36:17

Perturbers: 00000000 (unperturbed orbit); not using JPL DE

Tisserand relative to Jupiter: 2.41234

Score: 0.673921

Comet 65P - Gunn

Orbital elements: P/65

Perihelion 2017 Oct 14.943293 +/- 0.00267 TT = 22:38:20 (JD 2458041.443293)
Epoch 2016 May 29.0 TT = JDT 2457537.5   Ju: 0.3682

M 295.28841 +/- 0.00030
n 0.12841044 +/- 1.06e-7   Peri. 213.10097 +/- 0.00039
a 3.89107096 +/- 2.15e-6   Node   62.11017 +/- 0.00033
e 0.2517796 +/- 5.35e-7   Incl.   9.17001 +/- 0.000046
P 7.68   M(N) 8.8   K 10.0   U 2.1
q 2.91137838 +/- 3.33e-6   Q 4.87076354 +/- 2.14e-6

**From 221 observations 2003 Apr. 17-2016 May 29; mean residual 1".97
Arkansas Sky Observatories H41 / H43 / H45**

\# State vector (heliocentric equatorial J2000):

\# -3.663934332777 -0.321068386381 +0.420086758133 AU

\# +2.451126642058 -7.637610728971 -4.413708384330 mAU/day

\# MOIDs: Me 2.4494 Ve 2.1864 Ea 1.9006 Ma 1.4559

\# MOIDs: Ju 0.3682 Sa 4.2006 Ur 13.9259 Ne 25.0444

\# Elements written: 30 Mar 2017 21:26:47 (JD 2457843.393600)

\# Full range of obs: 2003 Apr. 17-2016 May 29 (221 observations)

\# Find_Orb ver: Jan 17 2017 13:36:17

\# Perturbers: 000001fe ; not using JPL DE

\# Tisserand relative to Jupiter: 2.98965

\# Score: 2.025550

Comet 65P, April 1, 2009 from Arkansas Sky Observatories' 0.51m Astrographic telescope at prime focus – note faint tail to SE (north at top)

Comet 67P – Cheryumov-Gerasimenko

Orbital elements: P/67

Perihelion 2015 Aug 13.111595 +/- 0.0172 TT = 2:40:41 (JD 2457247.611595)
Epoch 2016 Feb 27.0 TT = JDT 2457445.5
Earth MOID: 0.2573   Ju: 0.0829

M 30.25547 +/- 0.0026   Ma: 0.0684
n 0.15289161 +/- 3.29e-7   Peri. 12.82652 +/- 0.008
a 3.46375321 +/- 4.97e-6   Node   50.12004 +/- 0.0054
e 0.6410497 +/- 9.37e-6   Incl.   7.04074 +/- 0.00039
P 6.45   M(N) 11.8   K 10.0   U 3.3
q 1.24331503 +/- 3.42e-5   Q 5.68419139 +/- 2.45e-5

From 55 observations 2003 Jan. 11-2016 Feb. 27; mean residual 3".27
Arkansas Sky Observatories H41 / H43 / H45

State vector (heliocentric equatorial J2000):

-2.390542815284 +0.344729119669 +0.438769283097 AU

-9.323857286536 -7.693484096752 -3.087616742711 mAU/day

MOIDs: Me 0.9339 Ve 0.5232 Ea 0.2573 Ma 0.0684

MOIDs: Ju 0.0829 Sa 4.3126 Ur 13.1566 Ne 24.6410

Elements written: 30 Mar 2017 21:29:35 (JD 2457843.395544)

Full range of obs: 2003 Jan. 11-2016 Feb. 27 (55 observations)

Find_Orb ver: Jan 17 2017 13:36:17

Perturbers: 000001fe ; not using JPL DE

Tisserand relative to Earth: 3.12397

Tisserand relative to Jupiter: 2.74517

Barbee-style encounter velocity: 5.6085 km/s

Score: 3.350462

Comet 73P – Schwassmann-Wachmann B

Orbital elements: P/73b (COMPONENT "B")

NOTE: Comet 73P fragmented significantly during the past years and following pages represent astrometry on the major components during separation.

Perihelion 2006 Jun 7.922139 +/- 0.00143 TT = 22:07:52 (JD 2453894.422139)
Epoch 2006 May 17.0 TT = JDT 2453872.5
Earth MOID: 0.0407   Ju: 0.2032

```
M 355.97395 +/- 0.0035                    Find_Orb
n  0.18365201 +/- 0.000148     Peri. 198.79762 +/- 0.0008
a  3.06529483 +/- 0.00163      Node   69.89550 +/- 0.0012
e  0.6936378 +/- 0.000168      Incl.  11.39734 +/- 0.0015
P  5.37       M(N) 16.1    K 10.0    U 6.8
q 0.93909034 +/- 1.01e-5   Q 5.19149932 +/- 0.00328
```

From 116 observations 2006 Apr. 3-May 17; mean residual 1".53
Arkansas Sky Observatories H41/ H45

State vector (heliocentric equatorial J2000):

-0.508801583681 -0.796164472100 -0.304514799499 AU

+20.728476148976 -4.760551240926 -6.877331523408 mAU/day

MOIDs: Me 0.4743 Ve 0.2161 Ea 0.0407 Ma 0.2325

MOIDs: Ju 0.2032 Sa 3.8708 Ur 13.8281 Ne 24.7088

Elements written: 3 Apr 2017 0:46:10 (JD 2457846.532060)

Full range of obs: 2006 Apr. 3-May 17 (116 observations)

Find_Orb ver: Jan 17 2017 13:36:17

Perturbers: 00000408 (Sun/Earth/Moon); not using JPL DE
Tisserand relative to Earth: 2.79878
Tisserand relative to Jupiter: 2.78143
Earth encounter velocity 13.4573 km/s
Barbee-style encounter velocity: 12.6824 km/s
Score: 1.131308

Comet 73P – Schwassmann-Wachmann C

Orbital elements: P/73c (COMPONENT "C")

Perihelion 2006 Jun 6.958072 +/- 0.000466 TT = 22:59:37 (JD 2453893.458072)
Epoch 2006 May 17.0 TT = JDT 2453872.5
Earth MOID: 0.0407   Ju: 0.2072

```
M 356.14159 +/- 0.0009                      Find_Orb
n  0.18410123 +/- 4.35e-5     Peri.  198.80563 +/- 0.00036
a  3.06030639 +/- 0.000482    Node    69.89448 +/- 0.00046
e  0.6931180 +/- 4.92e-5      Incl.   11.39332 +/- 0.00042
P  5.35        M(N) 14.7    K 10.0    U 6.0
q 0.93915280 +/- 2.61e-6    Q 5.18145998 +/- 0.000966
```

From 110 observations 2006 Mar. 24-May 17; mean residual 0".73
Arkansas Sky Observatories H41 / H45

\# State vector (heliocentric equatorial J2000):

\#   -0.488564509763 -0.800736756694 -0.311207371108 AU

\#   +20.872347402460 -4.524219000763 -6.783611641965 mAU/day

\# MOIDs: Me 0.4743 Ve 0.2161 Ea 0.0407 Ma 0.2324

\# MOIDs: Ju 0.2072 Sa 3.8807 Ur 13.8379 Ne 24.7188

\# Elements written: 3 Apr 2017 0:47:11 (JD 2457846.532766)

\# Full range of obs: 2006 Mar. 24-May 17 (110 observations)

\# Find_Orb ver: Jan 17 2017 13:36:17

\# Perturbers: 00000408 (Sun/Earth/Moon); not using JPL DE

\# Tisserand relative to Earth: 2.79905

\# Tisserand relative to Jupiter: 2.78408

\# Earth encounter velocity 13.4483 km/s

\# Barbee-style encounter velocity: 12.6748 km/s

\# Score: 0.339472

Comet 73P – Schwassmann-Wachmann G

Orbital elements: P/73g (COMPONENT "G")

Perihelion 2006 Jun 8.107936 +/- 0.00724 TT = 2:35:25 (JD 2453894.607936)
Epoch 2006 May 6.0 TT = JDT 2453861.5
Earth MOID: 0.0406   Ju: 0.2165

M 353.86908 +/- 0.026   Find_Orb
n 0.18517972 +/- 0.000752   Peri. 198.78101 +/- 0.006
a 3.04841270 +/- 0.00825   Node   69.89561 +/- 0.008
e 0.6918735 +/- 0.00085   Incl. 11.37585 +/- 0.007
P 5.32   M(N) 19.6   K 10.0   U 7.9
q 0.93929664 +/- 4.89e-5   Q 5.15752877 +/- 0.0165

From 76 observations 2006 Apr. 7-May 6; mean residual 2".92
Arkansas Sky Observatories H41 / H45

State vector (heliocentric equatorial J2000):

-0.730072249732 -0.728975517278 -0.222800049146 AU

+18.798862205703 -7.144945275923 -7.693786045045 mAU/day

MOIDs: Me 0.4745 Ve 0.2162 Ea 0.0406 Ma 0.2320

MOIDs: Ju 0.2165 Sa 3.9040 Ur 13.8616 Ne 24.7424

Elements written: 3 Apr 2017 0:48:17 (JD 2457846.533530)

Full range of obs: 2006 Apr. 7-May 6 (76 observations)

Find_Orb ver: Jan 17 2017 13:36:17

Perturbers: 00000408 (Sun/Earth/Moon); not using JPL DE

Tisserand relative to Earth: 2.79975

Tisserand relative to Jupiter: 2.79046

Earth encounter velocity 13.4246 km/s

Barbee-style encounter velocity: 12.6537 km/s

Score: 2.516131

Comet 73P – Schwassmann-Wachmann R

Orbital elements: P/73r (COMPONENT "R")

Perihelion 2006 Jun 8.190168 +/- 0.00505 TT = 4:33:50 (JD 2453894.690168)
Epoch 2006 May 6.0 TT = JDT 2453861.5
Earth MOID: 0.0407   Ju: 0.2099

```
M 353.87786 +/- 0.018                       Find_Orb
n  0.18445614 +/- 0.000529    Peri.  198.77917 +/- 0.0047
a  3.05637966 +/- 0.00585     Node    69.89859 +/- 0.0059
e  0.6927003  +/- 0.000599    Incl.   11.38283 +/- 0.0052
P  5.34        M(N) 20.6   K 10.0   U 7.7
q 0.93922426 +/- 3.44e-5   Q 5.17353506 +/- 0.0117
```

**From 77 observations 2006 Apr. 5-May 6; mean residual 2".32
Arkansas Sky Observatories H41 / H45**

State vector (heliocentric equatorial J2000):

-0.731786439703 -0.728363735241 -0.222046878601 AU

+18.788844359822 -7.158191638192 -7.701480195277 mAU/day

MOIDs: Me 0.4744 Ve 0.2162 Ea 0.0407 Ma 0.2322

MOIDs: Ju 0.2099 Sa 3.8883 Ur 13.8459 Ne 24.7265

Elements written: 3 Apr 2017 0:49:14 (JD 2457846.534190)

Full range of obs: 2006 Apr. 5-May 6 (77 observations)

Find_Orb ver: Jan 17 2017 13:36:17

Perturbers: 00000408 (Sun/Earth/Moon); not using JPL DE

Tisserand relative to Earth: 2.79935

Tisserand relative to Jupiter: 2.78621

Earth encounter velocity 13.4383 km/s

Barbee-style encounter velocity: 12.6657 km/s

Score: 1.929801

Comet 73P – Schwassmann-Wachmann AQ

Orbital elements: P/73aq (COMPONENT "AQ")

Perihelion 2006 Jun 8.087917 +/- 0.085 TT = 2:06:36 (JD 2453894.587917)
Epoch 2006 Apr 24.0 TT = JDT 2453849.5   Earth MOID: 0.0398   Ju: 0.4172

```
M 350.89537 +/- 0.41                      Find_Orb
n  0.20193040 +/- 0.00876     Peri.  198.81938 +/- 0.09
a  2.87740885 +/- 0.0832      Node    69.79158 +/- 0.10
e  0.6731021 +/- 0.00964      Incl.   11.19543 +/- 0.08
P  4.88         M(N) 18.7   K 10.0    U 9.6
q 0.94061882 +/- 0.000521    Q 4.81419887 +/- 0.161
```

**From 23 observations 2006 Apr. 19-24; mean residual 0".44
Arkansas Sky Observatories H41 / H45**

\# State vector (heliocentric equatorial J2000):

\#   -0.937167711478 -0.630489300856 -0.130604091543 AU

\# +16.423143627608 -9.061426916906 -8.113399863847 mAU/day

\# MOIDs: Me 0.4758 Ve 0.2174 Ea 0.0398 Ma 0.2277

\# MOIDs: Ju 0.4172 Sa 4.2411 Ur 14.1991 Ne 25.0832

\# Elements written: 3 Apr 2017 0:50:13 (JD 2457846.534873)

\# Full range of obs: 2006 Apr. 19-24 (23 observations)

\# Find_Orb ver: Jan 17 2017 13:36:17

\# Perturbers: 00000408 (Sun/Earth/Moon); not using JPL DE

\# Tisserand relative to Earth: 2.80878

\# Tisserand relative to Jupiter: 2.88731

\# Earth encounter velocity 13.1188 km/s

\# Barbee-style encounter velocity: 12.3807 km/s

\# Score: 0.108910

Comet 73P – Schwassmann-Wachmann AU

Orbital elements: P/73au (COMPONENT "AU")

Perihelion 2006 Jun 9.994619 +/- 2.59 TT = 23:52:15 (JD 2453896.494619)
Epoch 2006 Apr 28.0 TT = JDT 2453853.5   Earth MOID: 0.0278   Find_Orb

M 339.39842 +/- 15
n 0.47916639 +/- 0.345   Peri. 193.84335 +/- 16
a 1.61737906 +/- 0.675   Node   72.31143 +/- 11
e 0.3992416 +/- 0.305   Incl.   7.52136 +/- 4.8
P 2.06/751.29d   M(N) 22.5   K 10.0   U 12.0
q 0.97165404 +/- 0.0423   Q 2.26310408 +/- 1.38

From 6 observations 2006 Apr. 22-28; mean residual 1".09
Arkansas Sky Observatories H45

State vector (heliocentric equatorial J2000):

-0.850292211131 -0.633092873322 -0.186543874873 AU

+14.686834307269 -10.148158557260 -6.941217521446 mAU/day

MOIDs: Me 0.5068 Ve 0.2456 Ea 0.0278 Ma 0.1400

MOIDs: Ju 2.8333 Sa 6.7640 Ur 16.5733 Ne 27.6043

Elements written: 3 Apr 2017 0:50:59 (JD 2457846.535405)

Full range of obs: 2006 Apr. 22-28 (6 observations)

Find_Orb ver: Jan 17 2017 13:36:17

Perturbers: 00000408 (Sun/Earth/Moon); not using JPL DE

Tisserand relative to Earth: 2.93024

Earth encounter velocity 7.9237 km/s

Barbee-style encounter velocity: 7.7939 km/s

Score: 0.984867

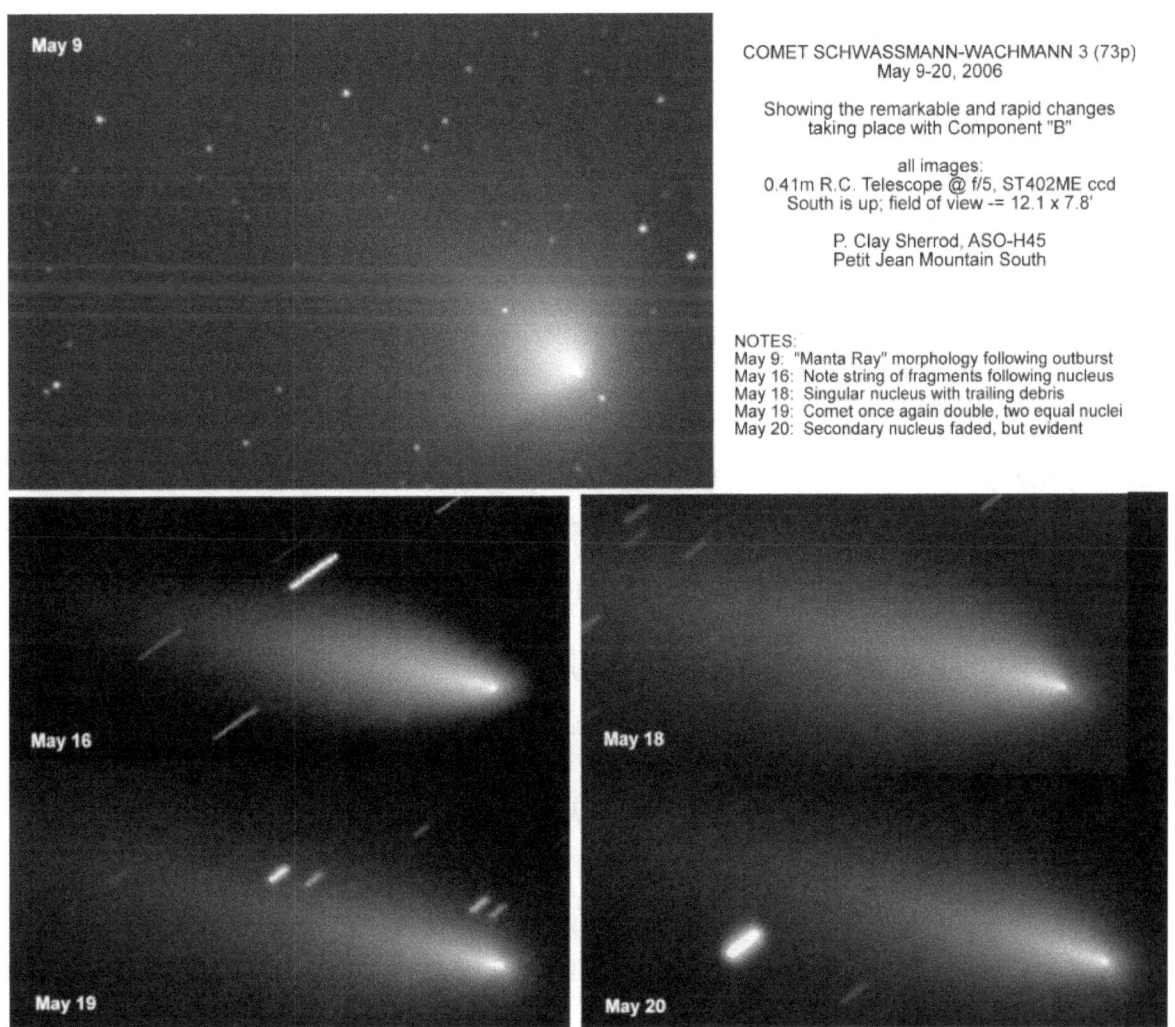

Comet 73P Schwassmann-Wachmann 3 – Composite of images from dates in May 2006; Arkansas Sky Observatories

Comet 74P – Smirnova-Chernykh

Orbital elements: P/74

Perihelion 2018 Jan 25.963716 +/- 0.00183 TT = 23:07:45 (JD 2458144.463716)
Epoch 2017 Jan 21.0 TT = JDT 2457774.5   Ju: 0.4803

M 316.98040 +/- 0.00020
n 0.11628058 +/- 2.11e-8   Peri. 87.01362 +/- 0.00033
a 4.15717117 +/- 5.02e-7   Node   77.05675 +/- 0.00025
e 0.1491940 +/- 2.58e-7   Incl.   6.65379 +/- 0.000023
P 8.48   M(N) 9.1   K 10.0   U 1.1
q 3.53694579 +/- 1.26e-6   Q 4.77739654 +/- 1.07e-6

**From 124 observations 2003 June 23-2017 Jan. 21; mean residual 0".45
Arkansas Sky Observatories H41 / H43 / H45**

State vector (heliocentric equatorial J2000):

-1.127906268691 +3.191160957267 +1.625096582504 AU

-8.429978457243 -3.852692307838 -0.734719610443 mAU/day

MOIDs: Me 3.1646 Ve 2.8192 Ea 2.5543 Ma 1.8836

MOIDs: Ju 0.4803 Sa 4.7423 Ur 14.7646 Ne 25.1613

Elements written: 30 Mar 2017 21:31:59 (JD 2457843.397211)

Full range of obs: 2003 June 23-2017 Jan. 21 (124 observations)

Find_Orb ver: Jan 17 2017 13:36:17

Perturbers: 000001fe ; not using JPL DE

Tisserand relative to Jupiter: 3.00741

Score: 0.520987

Comet 77P - Longmore

Orbital elements: P/77

Perihelion 2016 May 13.634750 +/- 0.00843 TT = 15:14:02 (JD 2457522.134750)
Epoch 2016 Feb 19.0 TT = JDT 2457437.5   Ju: 0.1930

M 347.87879 +/- 0.0012
n 0.14321787 +/- 7.06e-8   Peri. 196.72461 +/- 0.0030
a 3.61802230 +/- 1.19e-6   Node   14.80325 +/- 0.00014
e 0.3538641 +/- 6.55e-6   Incl. 24.34438 +/- 0.00013
P 6.88   M(N) 11.1   K 10.0   U 2.3
q 2.33773379 +/- 2.29e-5   Q 4.89831082 +/- 2.53e-5

**From 41 observations 2009 Jan. 9-2016 Feb. 19; mean residual 0".21
Arkansas Sky Observatories H45**

\# State vector (heliocentric equatorial J2000):

\# -2.386341534916 -0.288362112578 +0.061104568863 AU

\# +2.321361482746 -8.406342521244 -9.396308028202 mAU/day

\# MOIDs: Me 1.9106 Ve 1.6268 Ea 1.3428 Ma 0.7349

\# MOIDs: Ju 0.1930 Sa 4.5030 Ur 15.0192 Ne 24.9743

\# Elements written: 30 Mar 2017 21:34:34 (JD 2457843.399005)

\# Full range of obs: 2009 Jan. 9-2016 Feb. 19 (41 observations)

\# Find_Orb ver: Jan 17 2017 13:36:17

\# Perturbers: 000001fe ; not using JPL DE

\# Tisserand relative to Jupiter: 2.85929

\# Score: 0.388693

Periodic comet 77P showing a very short but concentrated tail to the SE of the comet. Arkansas Sky Observatories photograph. P. Clay Sherrod

Comet 78P - Gehrels

Orbital elements: P/78

Perihelion 2012 Jan 12.722072 +/- 0.000853 TT = 17:19:47 (JD 2455939.222072)
Epoch 2013 Feb 19.0 TT = JDT 2456342.5   Ju: 0.0276

M 55.05373 +/- 0.00012
n 0.13651561 +/- 2.53e-8   Peri. 192.74027 +/- 0.0006
a 3.73549212 +/- 4.62e-7   Node 210.55476 +/- 0.0006
e 0.4623282 +/- 7.19e-7   Incl.   6.25509 +/- 0.00008
P 7.22   M(N) 10.4   K 10.0   U 1.3
q 2.00846859 +/- 2.83e-6   Q 5.46251565 +/- 2.36e-6

From 86 observations 2004 Aug. 24-2013 Feb. 19; mean residual 0".33
Arkansas Sky Observatories H45

State vector (heliocentric equatorial J2000):

-3.078624933793 +1.571122160600 +0.332300239560 AU

-7.777424068884 -5.121731513670 -2.122588471136 mAU/day

MOIDs: Me 1.6907 Ve 1.2853 Ea 1.0174 Ma 0.5441

MOIDs: Ju 0.0276 Sa 4.3801 Ur 13.1058 Ne 24.8646

Elements written: 30 Mar 2017 21:37:03 (JD 2457843.400729)

Full range of obs: 2004 Aug. 24-2013 Feb. 19 (86 observations)

Find_Orb ver: Jan 17 2017 13:36:17

Perturbers: 000001fe ; not using JPL DE

Tisserand relative to Jupiter: 2.88660

Score: 0.461516

Comet 81P - Wild

Orbital elements: P/81

Perihelion 2010 Feb 22.697491 +/- 0.000768 TT = 16:44:23 (JD 2455250.197491)
Epoch 2010 Apr 21.0 TT = JDT 2455307.5
Earth MOID: 0.6044   Ju: 0.0168

M   8.79749 +/- 0.00011   Ma: 0.0283
n   0.15352722 +/- 1.19e-7   Peri. 41.78776 +/- 0.0019
a   3.45418653 +/- 1.78e-6   Node   136.10022 +/- 0.0019
e   0.5373541 +/- 1.02e-6   Incl. 3.23711 +/- 0.00007
P   6.42   M(N) 11.0   K 10.0   U 2.1
q 1.59806489 +/- 3.28e-6   Q 5.31030817 +/- 5.22e-6

**From 146 observations 2003 Feb. 1-2010 Apr. 21; mean residual 0".62
Arkansas Sky Observatories H41 / H43 / H45**

\# State vector (heliocentric equatorial J2000):

\#   -1.448486235542 -0.840662385209 -0.263638292720 AU

\#   +5.474545734598 -14.175209785255 -5.701290058629 mAU/day

\# MOIDs: Me 1.2075 Ve 0.8784 Ea 0.6044 Ma 0.0283

\# MOIDs: Ju 0.0168 Sa 4.2175 Ur 14.7799 Ne 24.5795

\# Elements written: 30 Mar 2017 21:41:04 (JD 2457843.403519)

\# Full range of obs: 2003 Feb. 1-2010 Apr. 21 (146 observations)

\# Find_Orb ver: Jan 17 2017 13:36:17

\# Perturbers: 000001fe ; not using JPL DE

\# Tisserand relative to Jupiter: 2.87846

\# Score: 0.661648

Comet 84P - Giclas

Orbital elements: P/84

Perihelion 2013 Jul 23.241721 +/- 0.000777 TT = 5:48:04 (JD 2456496.741721)
Epoch 2014 Jan 30.0 TT = JDT 2456687.5
Earth MOID: 0.8615   Ju: 0.5512

M 27.07515 +/- 0.0012		Find_Orb
n 0.14193435 +/- 6.74e-6	Peri. 276.49296 +/- 0.0008	
a 3.63980146 +/- 0.000115	Node 112.38238 +/- 0.00024	
e 0.4945773 +/- 1.79e-5	Incl. 7.28675 +/- 0.000049	
P 6.94 M(N) 13.2 K 10.0 U 4.7		
q 1.83963794 +/- 1.01e-5	Q 5.43996499 +/- 0.000237	

From 73 observations 2013 Aug. 21-2014 Jan. 30; mean residual 0".46 Arkansas Sky Observatories H45

State vector (heliocentric equatorial J2000):

-0.593405078213 +2.188903814205 +0.899902026651 AU

-12.462308006022 +1.301173425074 +2.063222229308 mAU/day

MOIDs: Me 1.5122 Ve 1.1193 Ea 0.8615 Ma 0.4432

MOIDs: Ju 0.5512 Sa 4.3243 Ur 13.0515 Ne 24.9073

Elements written: 30 Mar 2017 21:44:48 (JD 2457843.406111)

Full range of obs: 2013 Aug. 21-2014 Jan. 30 (73 observations)

Find_Orb ver: Jan 17 2017 13:36:17

Perturbers: 00000000 (unperturbed orbit); not using JPL DE

Tisserand relative to Jupiter: 2.87165

Score: 0.642077

Comet 84P – December 29, 2013, Arkansas Sky Observatories 0.51m astrograph f/5.6

Comet 88P - Howell

Orbital elements: P/88

Perihelion 2015 Apr 6.253330 +/- 0.0057 TT = 6:04:47 (JD 2457118.753330)
Epoch 2015 Oct 16.0 TT = JDT 2457311.5
Earth MOID: 0.3499   Ju: 0.4624

M 34.65094 +/- 0.0010   Ma: 0.0093   Find_Orb
n 0.17977456 +/- 6.71e-8   Peri. 235.91859 +/- 0.0033
a 3.10921349 +/- 7.73e-7   Node 56.69741 +/- 0.0025
e 0.5630640 +/- 5.18e-7   Incl. 4.38245 +/- 0.00030
P 5.48   M(N) 12.5   K 10.0   U 2.5
q 1.35852723 +/- 1.69e-6   Q 4.85989974 +/- 1.88e-6

From 50 observations 2004 Aug. 26-2015 Oct. 16; mean residual 0".32
Arkansas Sky Observatories H41 / H45

State vector (heliocentric equatorial J2000):

+1.980552382350 +1.151964867917 +0.417254202098 AU

-0.037823912482 +11.345041255182 +5.499024511559 mAU/day

MOIDs: Me 0.9099 Ve 0.6312 Ea 0.3499 Ma 0.0093

MOIDs: Ju 0.4624 Sa 4.2094 Ur 13.7991 Ne 25.1200

Elements written: 30 Mar 2017 21:47:24 (JD 2457843.407917)

Full range of obs: 2004 Aug. 26-2015 Oct. 16 (50 observations)

Find_Orb ver: Jan 17 2017 13:36:17

Perturbers: 000001fe ; not using JPL DE

Tisserand relative to Earth: 3.22753

Tisserand relative to Jupiter: 2.94743

Score: -0.081647

Comet 93P - Lovas

Orbital elements: P/93

Perihelion 2017 Mar 1.448984 +/- 0.00322 TT = 10:46:32 (JD 2457813.948984)
Epoch 2017 Feb 19.0 TT = JDT 2457803.5
Earth MOID: 0.7582   Ju: 0.8149

```
M 358.88025 +/- 0.0006                      Find_Orb
n  0.10716334 +/- 2.54e-5      Peri.   74.89568 +/- 0.0018
a  4.38973752 +/- 0.000694     Node   339.62733 +/- 0.00046
e  0.6126935 +/- 5.56e-5       Incl.   12.20450 +/- 0.000055
P  9.20          U  5.6
q 1.70017347 +/- 2.54e-5    Q 7.07930157 +/- 0.00136
```

**From 32 observations 2016 Oct. 3-2017 Feb. 19; mean residual 0".17
Arkansas Sky Observatories H45**

State vector (heliocentric equatorial J2000):

+1.113390723139 +1.008340029909 +0.803640376944 AU

-13.022117049746 +9.131517320188 +5.198826468694 mAU/day

MOIDs: Me 1.3956 Ve 1.0099 Ea 0.7582 Ma 0.3840

MOIDs: Ju 0.8149 Sa 3.4859 Ur 11.8832 Ne 23.4980

Elements written: 30 Mar 2017 21:49:20 (JD 2457843.409259)

Full range of obs: 2016 Oct. 3-2017 Feb. 19 (32 observations)

Find_Orb ver: Jan 17 2017 13:36:17

Perturbers: 00000020 ; not using JPL DE

Tisserand relative to Jupiter: 2.60434

Score: 0.471350

Comet 94P - Russell

Orbital elements: P/94

Perihelion 2010 Mar 29.645561 +/- 0.0578 TT = 15:29:36 (JD 2455285.145561)
Epoch 2010 Apr 14.0 TT = JDT 2455300.5   Ju: 0.4579

M 2.29442 +/- 0.008
n 0.14943099 +/- 1.44e-5   Peri. 92.80283 +/- 0.023
a 3.51702610 +/- 0.000226   Node   70.92170 +/- 0.0031
e 0.3630165 +/- 5.15e-5   Incl.   6.18224 +/- 0.00009
P 6.60   M(N) 12.6   K 10.0   U 5.3
q 2.24028756 +/- 5.94e-5   Q 4.79376465 +/- 0.000484

From 33 observations 2010 Feb. 18-Apr. 14; mean residual 0".17
Arkansas Sky Observatories H45

\# State vector (heliocentric equatorial J2000):

\# -2.189318966358 +0.294001931747 +0.388113901761 AU

\# -2.890174503000 -11.943528319677 -5.360832818729 mAU/day

\# MOIDs: Me 1.8698 Ve 1.5223 Ea 1.2587 Ma 0.5948

\# MOIDs: Ju 0.4579 Sa 4.8527 Ur 15.3180 Ne 25.1618

\# Elements written: 30 Mar 2017 21:51:25 (JD 2457843.410706)

\# Full range of obs: 2010 Feb. 18-Apr. 14 (33 observations)

\# Find_Orb ver: Jan 17 2017 13:36:17

\# Perturbers: 00000000 (unperturbed orbit); not using JPL DE

\# Tisserand relative to Jupiter: 3.00267

\# Score: 0.161683

Comet 98P - Takamizawa

Orbital elements: P/98

Perihelion 2013 Aug 5.395375 +/- 0.0434 TT = 9:29:20 (JD 2456509.895375)
Epoch 2013 Jul 13.0 TT = JDT 2456486.5
Earth MOID: 0.6621   Ju: 0.0291

```
M 356.89340 +/- 0.016                    Find_Orb
n  0.13278664 +/- 0.000872     Peri. 157.89142 +/- 0.037
a  3.80510329 +/- 0.0167       Node  114.75421 +/- 0.030
e  0.5602631 +/- 0.00178       Incl.  10.54051 +/- 0.008
P  7.42         U 8.0
q 1.67324426 +/- 0.000629    Q 5.93696232 +/- 0.0335
```

**From 45 observations 2013 July 2-13; mean residual 0".25
Arkansas Sky Observatories H45**

State vector (heliocentric equatorial J2000):

-0.295116581181 -1.588346578691 -0.493846664716 AU

+16.206161937679 -0.598350552628 -3.093012448378 mAU/day

MOIDs: Me 1.2178 Ve 0.9506 Ea 0.6621 Ma 0.2644

MOIDs: Ju 0.0291 Sa 3.1078 Ur 12.9928 Ne 23.9656

Elements written: 30 Mar 2017 21:54:03 (JD 2457843.412535)

Full range of obs: 2013 July 2-13 (45 observations)

Find_Orb ver: Jan 17 2017 13:36:17

Perturbers: 00000000 (unperturbed orbit); not using JPL DE

Tisserand relative to Jupiter: 2.76022

Score: 0.443689

Comet 102P - Shoemaker

Orbital elements: P/102

Perihelion 2013 Sep 1.244851 +/- 0.0125 TT = 5:52:35 (JD 2456536.744851)
Epoch 2013 Nov 3.0 TT = JDT 2456599.5
Earth MOID: 0.9752   Ju: 0.1863

```
M   8.56914 +/- 0.0007                    Find_Orb
n   0.13654881 +/- 2.46e-5      Peri.  18.78316 +/- 0.006
a   3.73488673 +/- 0.000448     Node  339.85851 +/- 0.0012
e   0.4729506 +/- 5.1e-5        Incl.  26.24872 +/- 0.0015
P   7.22        M(N) 15.4   K 10.0    U 5.6
q 1.96846972 +/- 4.85e-5   Q 5.50130373 +/- 0.00085
```

From 44 observations 2013 Sept. 1-Nov. 3; mean residual 0".52
Arkansas Sky Observatories H45

State vector (heliocentric equatorial J2000):

+1.792141777805 +0.412214351698 +0.877326136396 AU

-4.600670195238 +9.691595412209 +9.805303700867 mAU/day

MOIDs: Me 1.6151 Ve 1.2589 Ea 0.9752 Ma 0.6142

MOIDs: Ju 0.1863 Sa 4.0165 Ur 12.8595 Ne 24.7918

Elements written: 30 Mar 2017 21:55:35 (JD 2457843.413600)

Full range of obs: 2013 Sept. 1-Nov. 3 (44 observations)

Find_Orb ver: Jan 17 2017 13:36:17

Perturbers: 00000000 (unperturbed orbit); not using JPL DE

Tisserand relative to Jupiter: 2.73217

Score: 0.756743

Comet 103P - Hartley

Orbital elements: P/103

Perihelion 2010 Oct 28.267097 +/- 7.03e-5 TT = 6:24:37 (JD 2455497.767097)
Epoch 2011 Mar 23.0 TT = JDT 2455643.5
Earth MOID: 0.0666 Ju: 0.2734

```
M   22.22553 +/- 0.0007                    Find_Orb
n   0.15250867 +/- 5.02e-6     Peri.  181.21621 +/- 0.000055
a   3.46954897 +/- 7.61e-5     Node   219.75643 +/- 0.000058
e   0.6948499 +/- 6.55e-6      Incl.  13.61904 +/- 0.00006
P   6.46        M(N) 13.0   K 10.0   U 4.5
q   1.05873303 +/- 5.24e-7     Q 5.88036492 +/- 0.000152
```

**From 77 observations 2010 June 16-2011 Mar. 23; mean residual 0".77
Arkansas Sky Observatories H45**

\# State vector (heliocentric equatorial J2000):

\# -1.606836294319 +1.315815979647 +0.050001226381 AU

\# -13.596928400180 -2.685600285293 -2.739170978765 mAU/day

\# MOIDs: Me 0.7396 Ve 0.3362 Ea 0.0666 Ma 0.3055

\# MOIDs: Ju 0.2734 Sa 3.9658 Ur 12.6909 Ne 24.4485

\# Elements written: 30 Mar 2017 21:57:42 (JD 2457843.415069)

\# Full range of obs: 2010 June 16-2011 Mar. 23 (77 observations)

\# Find_Orb ver: Jan 17 2017 13:36:17

\# Perturbers: 00000428 ; not using JPL DE

\# Tisserand relative to Earth: 2.89199

\# Tisserand relative to Jupiter: 2.64117

\# Barbee-style encounter velocity: 11.0649 km/s

\# Score: 0.955299

Comet 108P - Ciffreo

Orbital elements: P/108

Perihelion 2014 Nov 9.400525 TT = 9:36:45 (JD 2456970.900525)
Epoch 2014 Nov 20.0 TT = JDT 2456981.5
Earth MOID: 0.6303

M 2.62145
n 0.24731905   Peri. 10.51741
a 2.51360866   Node   51.80071
e 0.3568065   Incl. 11.36715
P 3.99   M(N) 14.5   K 10.0   q 1.61673653   Q 3.41048079

**From 11 observations 2014 Oct. 29-Nov. 20; mean residual 0".16
Arkansas Sky Observatories H45**

State vector (heliocentric equatorial J2000):

+0.607461657011 +1.338486330439 +0.678685489797 AU

-14.221650578412 +4.355985408094 +5.157011860600 mAU/day

MOIDs: Me 1.3071 Ve 0.8966 Ea 0.6303 Ma 0.1238

MOIDs: Ju 1.9652 Sa 6.5402 Ur 15.3035 Ne 26.9126

Elements written: 30 Mar 2017 21:59:30 (JD 2457843.416319)

Full range of obs: 2014 Oct. 29-Nov. 20 (11 observations)

Find_Orb ver: Jan 17 2017 13:36:17

Perturbers: 00000000 (unperturbed orbit); not using JPL DE

Score: -0.445470

Comet 116P - Wild

Orbital elements: P/116

Perihelion 2016 Jan 11.522507 +/- 0.00248 TT = 12:32:24 (JD 2457399.022507)
Epoch 2016 Jan 14.0 TT = JDT 2457401.5   Ju: 0.1824

M   0.37531 +/- 0.00037
n   0.15149008 +/- 4.02e-8   Peri. 173.31273 +/- 0.0011
a   3.48508395 +/- 6.17e-7   Node   20.98753 +/- 0.0009
e   0.3724399 +/- 1.04e-6   Incl.   3.60859 +/- 0.00006
P   6.51   M(N) 10.6   K 10.0   U 1.8
q 2.18709943 +/- 3.88e-6   Q 4.78306846 +/- 3.15e-6

147 of 149 observations 2003 Jan. 11-2016 Jan. 14; mean residual 2".80 Arkansas Sky Observatories H45

State vector (heliocentric equatorial J2000):

-2.110651566552 -0.531526139473 -0.215274610697 AU

+3.504457742951 -11.716896644976 -6.009493777300 mAU/day

MOIDs: Me 1.7734 Ve 1.4671 Ea 1.1868 Ma 0.5500

MOIDs: Ju 0.1824 Sa 4.5901 Ur 15.1941 Ne 25.0617

Elements written: 30 Mar 2017 22:02:29 (JD 2457843.418391)

Full range of obs: 2003 Jan. 11-2016 Jan. 14 (149 observations)

Find_Orb ver: Jan 17 2017 13:36:17

Perturbers: 000001fe ; not using JPL DE

Tisserand relative to Jupiter: 3.00906

Score: 2.777239

Comet 116P taken in unsteady skies with bright moonlight; strong tail to west of comet, image is presented with north up and east to left; field == 22' x 11'.
Arkansas Sky Observatories H45

Comet 117P – Helin-Roman-Alu

Orbital elements: P/117

Perihelion 2014 Mar 26.713538 +/- 0.00367 TT = 17:07:29 (JD 2456743.213538)
Epoch 2016 Jan 13.0 TT = JDT 2457400.5 Ju: 0.2574

M 78.18086 +/- 0.00039
n 0.11894488 +/- 7.29e-8   Peri. 222.58613 +/- 0.00053
a 4.09485819 +/- 1.67e-6   Node   58.87641 +/- 0.00022
e 0.2539824 +/- 1.24e-6   Incl.   8.69859 +/- 0.00006
P 8.29   M(N) 8.4   K 10.0   U 1.9
q 3.05483615 +/- 3.91e-6   Q 5.13488023 +/- 7.08e-6

**From 38 observations 2004 Apr. 14-2016 Jan. 13; mean residual 0".40
Arkansas Sky Observatories H41 / H45**

State vector (heliocentric equatorial J2000):

+3.611518252354 +1.967321383550 +0.510464433269 AU

-1.986063956854 +7.083061160508 +4.053518327461 mAU/day

MOIDs: Me 2.5967 Ve 2.3302 Ea 2.0459 Ma 1.6160

MOIDs: Ju 0.2574 Sa 3.9589 Ur 13.6048 Ne 24.8120

Elements written: 30 Mar 2017 22:04:29 (JD 2457843.419780)

Full range of obs: 2004 Apr. 14-2016 Jan. 13 (38 observations)

Find_Orb ver: Jan 17 2017 13:36:17

Perturbers: 000001fe ; not using JPL DE

Tisserand relative to Jupiter: 2.96700

Score: 0.526028

Comet 118P – Shoemaker-Levy

Orbital elements: P/118

Perihelion 2016 Jun 17.019376 +/- 0.00217 TT = 0:27:54 (JD 2457556.519376)
Epoch 2016 Jan 11.0 TT = JDT 2457398.5   Ju: 0.6251

M 335.83029 +/- 0.00032
n 0.15295405 +/- 1.09e-7   Peri. 302.34664 +/- 0.0010
a 3.46281042 +/- 1.64e-6   Node 151.72665 +/- 0.0008
e 0.4281827 +/- 2.09e-6   Incl.   8.51462 +/- 0.00010
P 6.44   M(N) 12.3   K 10.0   U 2.2
q 1.98009487 +/- 7.96e-6   Q 4.94552597 +/- 5.66e-6

**From 82 observations 2003 Dec. 1-2016 Jan. 11; mean residual 1".90
Arkansas Sky Observatories H41 / H43 / H45**

State vector (heliocentric equatorial J2000):

+1.908489408319 +1.308010847936 +0.233753417628 AU

-10.157345874899 +7.578146293512 +2.905355557074 mAU/day

MOIDs: Me 1.6786 Ve 1.2722 Ea 1.0116 Ma 0.4488

MOIDs: Ju 0.6251 Sa 5.1656 Ur 14.3625 Ne 25.3162

Elements written: 30 Mar 2017 22:06:58 (JD 2457843.421505)

Full range of obs: 2003 Dec. 1-2016 Jan. 11 (82 observations)

Find_Orb ver: Jan 17 2017 13:36:17

Perturbers: 000001fe ; not using JPL DE

Tisserand relative to Jupiter: 2.96081

Score: 1.781189

Comet 119P – Parker-Hartley

Orbital elements: P/119

Perihelion 2014 Apr 3.533540 +/- 0.0195 TT = 12:48:17 (JD 2456751.033540)
Epoch 2015 Apr 21.0 TT = JDT 2457133.5   Ju: 0.2044

M 42.40601 +/- 0.0021
n 0.11087512 +/- 1.73e-7   Peri. 181.60063 +/- 0.0042
a 4.29121195 +/- 4.46e-6   Node 243.94588 +/- 0.0021
e 0.2947670 +/- 3.92e-6   Incl.   5.18635 +/- 0.00033
P 8.89   M(N) 11.2   K 10.0   U 2.8
q 3.02630425 +/- 1.83e-5   Q 5.55611965 +/- 1.53e-5

From 52 observations 2005 Dec. 2-2015 Apr. 21; mean residual 0".58
Arkansas Sky Observatories H41 / H45

State vector (heliocentric equatorial J2000):

-2.642372024480 +2.339126435389 +0.674379350691 AU

-8.168164752999 -4.747608790584 -2.550941359765 mAU/day

MOIDs: Me 2.7178 Ve 2.3050 Ea 2.0396 Ma 1.5047

MOIDs: Ju 0.2044 Sa 4.4295 Ur 13.2237 Ne 24.7536

Elements written: 30 Mar 2017 22:08:46 (JD 2457843.422755)

Full range of obs: 2005 Dec. 2-2015 Apr. 21 (52 observations)

Find_Orb ver: Jan 17 2017 13:36:17

Perturbers: 000001fe ; not using JPL DE

Tisserand relative to Jupiter: 2.94101

Score: 0.680603

Comet 123P – West-Hartley

Orbital elements: P/123

Perihelion 2011 Jul 4.477029 +/- 0.00383 TT = 11:26:55 (JD 2455746.977029)
Epoch 2011 Mar 20.0 TT = JDT 2455640.5   Ju: 0.7044

M 346.15299 +/- 0.00048
n 0.13004683 +/- 1.18e-7   Peri. 102.82453 +/- 0.0008
a 3.85836103 +/- 2.34e-6   Node   46.60032 +/- 0.00024
e 0.4482414 +/- 2.09e-6   Incl. 15.35717 +/- 0.00007
P 7.58   M(N) 11.6   K 10.0   U 2.3
q 2.12888383 +/- 9.26e-6   Q 5.58783823 +/- 5.06e-6

From 62 observations 2003 Nov. 28-2011 Mar. 20; mean residual 1".54
Arkansas Sky Observatories H45

\# State vector (heliocentric equatorial J2000):

\#   -0.753179805551 +1.698394023072 +1.329409973425 AU

\# -11.313957355803 -7.064911048249 -2.107883276624 mAU/day

\# MOIDs: Me 1.7807 Ve 1.4323 Ea 1.2000 Ma 0.6245

\# MOIDs: Ju 0.7044 Sa 4.4656 Ur 14.6672 Ne 24.6049

\# Elements written: 30 Mar 2017 22:10:44 (JD 2457843.424120)

\# Full range of obs: 2003 Nov. 28-2011 Mar. 20 (62 observations)

\# Find_Orb ver: Jan 17 2017 13:36:17

\# Perturbers: 000001fe ; not using JPL DE

\# Tisserand relative to Jupiter: 2.83313

\# Score: 1.595952

Comet 124P - Mrkos

Orbital elements: P/124

Perihelion 2014 Apr 9.616120 +/- 0.000107 TT = 14:47:12 (JD 2456757.116120)
Epoch 2014 May 3.0 TT = JDT 2456780.5
Earth MOID: 0.6494   Ju: 0.0025

M 3.81610 +/- 0.000018   Ma: 0.0048   Find_Orb
n 0.16319365 +/- 5.78e-8   Peri. 183.71170 +/- 0.000057
a 3.31640222 +/- 7.83e-7   Node   0.41457 +/- 0.000018
e 0.5038794 +/- 2.99e-7   Incl. 31.52898 +/- 0.000035
P 6.04   M(N) 15.1   K 10.0   U 1.6
q 1.64533518 +/- 7.34e-7   Q 4.98746926 +/- 2.04e-6

From 95 observations 2008 Jan. 21-2014 May 3; mean residual 0".21
Arkansas Sky Observatories H41 / H45

State vector (heliocentric equatorial J2000):

-1.584499749269 -0.289540260577 -0.402565079594 AU

+3.656525157500 -9.134891573981 -13.054393244896 mAU/day

MOIDs: Me 1.2537 Ve 0.9285 Ea 0.6494 Ma 0.0048

MOIDs: Ju 0.0025 Sa 4.5398 Ur 15.0920 Ne 24.8966

Elements written: 30 Mar 2017 22:12:38 (JD 2457843.425440)

Full range of obs: 2008 Jan. 21-2014 May 3 (95 observations)

Find_Orb ver: Jan 17 2017 13:36:17

Perturbers: 000001fe ; not using JPL DE

Tisserand relative to Jupiter: 2.74455

Score: 0.475976

Comet 127P – Holt-Olmstead

Orbital elements: P/127

Perihelion 2009 Sep 18.777247 +/- 94.2 TT = 18:39:14 (JD 2455093.277247)
Epoch 2009 Nov 7.0 TT = JDT 2455142.5

M 8.63547 +/- 11
n 0.17543670 +/- 0.1   Peri. 354.62084 +/- 44
a 3.16025701 +/- 1.21   Node   13.76219 +/- 2.5
e 0.3322556 +/- 0.169   Incl. 13.65328 +/- 8
P 5.62   M(N) 13.9   K 10.0   U 11.2 SR
q 2.11024383 +/- 0.552   Q 4.21027019 +/- 7.25

From 12 observations 2009 Oct. 19-Nov. 7; mean residual 0".20
Arkansas Sky Observatories H45

State vector (heliocentric equatorial J2000):

+1.915360063463 +0.818562881997 +0.476081561768 AU

-4.984343685983 +9.922298452391 +7.749515228900 mAU/day

MOIDs: Me 1.7616 Ve 1.3847 Ea 1.1097 Ma 0.7069

MOIDs: Ju 1.2431 Sa 5.2988 Ur 14.1064 Ne 26.0602

Elements written: 30 Mar 2017 22:17:13 (JD 2457843.428623)

Full range of obs: 2009 Oct. 19-Nov. 7 (12 observations)

Find_Orb ver: Jan 17 2017 13:36:17

Perturbers: 00000001 ; not using JPL DE

Tisserand relative to Jupiter: 3.07505

Score: -0.277009

Comet 134P – Kowal-Vavrova

Orbital elements: P/134

Perihelion 2014 May 21.380682 +/- 0.0298 TT = 9:08:10 (JD 2456798.880682)
Epoch 2014 Jun 20.0 TT = JDT 2456828.5   Ju: 0.3895   Sa: 0.1158

M 1.87732 +/- 0.0021   Find_Orb
n 0.06338168 +/- 1.46e-5   Peri. 18.55014 +/- 0.008
a 6.23007859 +/- 0.00096   Node 202.12022 +/- 0.0006
e 0.5872692 +/- 4.75e-5   Incl.   4.34871 +/- 0.00031
P 15.55   M(N) 10.4   K 10.0   U 5.3
q 2.57134476 +/- 0.000115   Q 9.88881243 +/- 0.00182

**From 32 observations 2014 Mar. 13-June 20; mean residual 0".22
Arkansas Sky Observatories H45**

State vector (heliocentric equatorial J2000):

-1.676516983777 -1.836641777246 -0.697902299812 AU

+9.726410791096 -8.887584642890 -2.836911270535 mAU/day

MOIDs: Me 2.1258 Ve 1.8482 Ea 1.5642 Ma 0.9883

MOIDs: Ju 0.3895 Sa 0.1158 Ur 9.8483 Ne 19.9228

Elements written: 30 Mar 2017 22:19:29 (JD 2457843.430197)

Full range of obs: 2014 Mar. 13-June 20 (32 observations)

Find_Orb ver: Jan 17 2017 13:36:17

Perturbers: 00000000 (unperturbed orbit); not using JPL DE

Tisserand relative to Jupiter: 2.60141

Score: 0.511972

Comet 143P – Kowal-Mrkos

Orbital elements: P/143

Perihelion 2009 Apr 5.605915 +/- 80.4 TT = 14:32:31 (JD 2454927.105915)
Epoch 2009 Jun 19.0 TT = JDT 2455001.5   Ju: 0.2183

M   8.80047 +/- 9
n   0.11829534 +/- 0.0112   Peri. 302.05476 +/- 21
a   4.10983407 +/- 0.26   Node 244.73496 +/- 0.9
e   0.3725246 +/- 0.0383   Incl.   4.70944 +/- 0.06
P   8.33   M(N) 12.6   K 10.0   U 9.8
q 2.57881954 +/- 0.0192   Q 5.64084859 +/- 0.562

From 11 observations 2009 Mar. 30-June 19; mean residual 0".13
Arkansas Sky Observatories H45

State vector (heliocentric equatorial J2000):

-2.326950276591 -1.053906787201 -0.599678037306 AU

+4.567663035345 -10.842372872802 -3.889330108544 mAU/day

MOIDs: Me 2.1794 Ve 1.8660 Ea 1.5845 Ma 0.9536

MOIDs: Ju 0.2183 Sa 3.8656 Ur 14.4243 Ne 24.2510

Elements written: 30 Mar 2017 22:24:43 (JD 2457843.433831)

Full range of obs: 2009 Mar. 30-June 19 (11 observations)

Find_Orb ver: Jan 17 2017 13:36:17

Perturbers: 00000000 (unperturbed orbit); not using JPL DE

Tisserand relative to Jupiter: 2.91003

Score: 0.314824

Comet 144P - Kushida

Orbital elements: P/144

Perihelion 2009 Jan 26.856806 +/- 0.000235 TT = 20:33:48 (JD 2454858.356806)
Epoch 2009 Apr 15.0 TT = JDT 2454936.5
Earth MOID: 0.4584   Ju: 0.0085

M 10.13117 +/- 0.00035   Ma: 0.0264   Find_Orb
n 0.12964888 +/- 4.22e-6   Peri. 216.09647 +/- 0.00015
a 3.86625235 +/- 8.39e-5   Node 245.55882 +/- 0.00008
e 0.6278064 +/- 7.46e-6   Incl. 4.10909 +/- 0.000018
P 7.60   M(N) 13.1   K 10.0   U 4.4
q 1.43899405 +/- 2.42e-6   Q 6.29351064 +/- 0.000165

**From 130 observations 2008 Nov. 2-2009 Apr. 15; mean residual 0".15
Arkansas Sky Observatories H41 / H45**

State vector (heliocentric equatorial J2000):

-1.490457052698 +0.751233542858 +0.194614478790 AU

-12.036058805893 -10.306682591455 -4.956247966963 mAU/day

MOIDs: Me 1.1307 Ve 0.7230 Ea 0.4584 Ma 0.0264

MOIDs: Ju 0.0085 Sa 3.7613 Ur 13.1489 Ne 23.9170

Elements written: 30 Mar 2017 22:26:28 (JD 2457843.435046)

Full range of obs: 2008 Nov. 2-2009 Apr. 15 (130 observations)

Find_Orb ver: Jan 17 2017 13:36:17

Perturbers: 00000020 ; not using JPL DE

Tisserand relative to Jupiter: 2.68428

Score: 0.102931

Comet 144P showing strong nucleus and very symmetrical and large coma.
Arkansas Sky Observatories H45 photograph

Comet 149P - Mueller

Orbital elements: P/149

Perihelion 2010 Jan 13.433682 +/- 103 TT = 10:24:30 (JD 2455209.933682)
Epoch 2010 Mar 23.0 TT = JDT 2455278.5
Earth MOID: 0.7453   Ma: 0.0964

```
M  15.83068 +/- 18                     Find_Orb
n   0.23088133 +/- 0.135      Peri.  31.90802 +/- 80
a   2.63154112 +/- 1.02       Node   125.46711 +/- 29
e   0.3502060 +/- 0.157       Incl.  18.57148 +/- 8
P   4.27       M(N) 16.8   K 10.0   U 11.4   SR
q 1.70995962 +/- 0.758    Q 3.55312263 +/- 3.39
```

From 12 observations 2010 Mar. 17-23; mean residual 0".36
Arkansas Sky Observatories H45

\# State vector (heliocentric equatorial J2000):

\#   -1.684758784494 -0.487087652647 +0.356159188582 AU

\#   +1.056403772686 -14.328040709366 -3.442808700659 mAU/day

\# MOIDs: Me 1.3509 Ve 0.9975 Ea 0.7453 Ma 0.0964

\# MOIDs: Ju 1.5623 Sa 6.2194 Ur 16.4903 Ne 26.4675

\# Elements written: 30 Mar 2017 22:28:18 (JD 2457843.436319)

\# Full range of obs: 2010 Mar. 17-23 (12 observations)

\# Find_Orb ver: Jan 17 2017 13:36:17

\# Perturbers: 00000001 ; not using JPL DE

\# Score: 0.024275

Comet 154P - Brewington

Orbital elements: P/154

Perihelion 2013 Dec 12.465557 +/- 0.000166 TT = 11:10:24 (JD 2456638.965557)
Epoch 2014 Mar 7.0 TT = JDT 2456723.5
Earth MOID: 0.6671   Ju: 0.3235

```
M   7.72830 +/- 0.00020                    Find_Orb
n   0.09142198 +/- 2.37e-6      Peri.  49.02904 +/- 0.00010
a   4.88017764 +/- 8.44e-5      Node   343.48925 +/- 0.000047
e   0.6705374 +/- 5.38e-6       Incl.  17.83156 +/- 0.000021
P   10.78        M(N) 13.1   K 10.0   U 4.0
q   1.60783573 +/- 1.75e-6    Q 8.15251956 +/- 0.000167
```

From 235 observations 2013 Aug. 7-2014 Mar. 7; mean residual 0".48
Arkansas Sky Observatories H45

State vector (heliocentric equatorial J2000):

+0.283335810341 +1.374547028547 +1.209866335086 AU

-14.178943826575 +6.498625078998 +3.935114902647 mAU/day

MOIDs: Me 1.2967 Ve 0.9289 Ea 0.6671 Ma 0.3528

MOIDs: Ju 0.3235 Sa 2.7134 Ur 10.7033 Ne 22.5341

Elements written: 30 Mar 2017 22:30:45 (JD 2457843.438021)

Full range of obs: 2013 Aug. 7-2014 Mar. 7 (235 observations)

Find_Orb ver: Jan 17 2017 13:36:17

Perturbers: 00000020 ; not using JPL DE

Tisserand relative to Jupiter: 2.43412

Score: 0.817693

Comet 157P - Tritton

Orbital elements: P/157

Perihelion 2003 Sep 23.658003 +/- 0.406 TT = 15:47:31 (JD 2452906.158003)
Epoch 2003 Nov 28.0 TT = JDT 2452971.5
 Earth MOID: 0.4385   Ju: 0.2278

M 10.42754 +/- 0.35   Find_Orb
n 0.15958406 +/- 0.00444   Peri. 146.89607 +/- 0.33
a 3.36622421 +/- 0.0643   Node 300.59889 +/- 0.08
e 0.5795385 +/- 0.00669   Incl.   7.10685 +/- 0.007
P 6.18   M(N) 13.7   K 10.0   U 9.1
q 1.41536736 +/- 0.00399   Q 5.31708105 +/- 0.126

**33 of 35 observations 2003 Oct. 21-Nov. 28; mean residual 1".64
Arkansas Sky Observatories H41**

State vector (heliocentric equatorial J2000):

-1.057162769853 +1.094728208377 +0.432339555379 AU

-15.095320611591 -5.909495725853 -4.835864276896 mAU/day

MOIDs: Me 1.1070 Ve 0.6978 Ea 0.4385 Ma 0.1132

MOIDs: Ju 0.2278 Sa 4.7758 Ur 13.9045 Ne 24.9614

Elements written: 30 Mar 2017 22:45:49 (JD 2457843.448484)

Full range of obs: 2003 Oct. 21-Nov. 28 (35 observations)

Find_Orb ver: Jan 17 2017 13:36:17

Perturbers: 00000000 (unperturbed orbit); not using JPL DE

Tisserand relative to Earth: 3.26450

Tisserand relative to Jupiter: 2.84663

Score: 1.540456

Comet 162P – Siding Spring

Orbital elements: P/162

Perihelion 2015 Jul 13.272958 TT = 6:33:03 (JD 2457216.772958)
Epoch 2016 Feb 27.0 TT = JDT 2457445.5
Earth MOID: 0.5007   Ma: 0.0697

M 92.49933
n 0.40440927   Peri. 4.95251
a 1.81101471   Node 28.26081
e 0.1743844   Incl. 23.10544
P 2.44/890.17d M(N) 14.5   K 10.0   q 1.49520199 Q 2.12682743

**From 9 observations 2016 Jan. 5-Feb. 27; mean residual 0".59
Arkansas Sky Observatories H45**

\# State vector (heliocentric equatorial J2000):

\# -1.476905848833 +0.615400439101 +0.983494970069 AU

\# -8.802140817110 -7.234929708627 -4.679986811304 mAU/day

\# MOIDs: Me 1.1677 Ve 0.7729 Ea 0.5007 Ma 0.0697

\# MOIDs: Ju 3.3200 Sa 7.4644 Ur 16.2618 Ne 28.1891

\# Elements written: 30 Mar 2017 22:49:00 (JD 2457843.450694)

\# Full range of obs: 2016 Jan. 5-Feb. 27 (9 observations)

\# Find_Orb ver: Jan 17 2017 13:36:17

\# Perturbers: 00000000 (unperturbed orbit); not using JPL DE

\# Score: 0.126978

Comet 164P - Christensen

Orbital elements: P/164

Perihelion 2011 Apr 12.917019 TT = 22:00:30 (JD 2455664.417019)
Epoch 2012 Mar 1.0 TT = JDT 2455987.5
Earth MOID: 0.7853

M 58.41098
n 0.18079251   Peri. 318.01684
a 3.09753166   Node 87.33392
e 0.4378916   Incl. 16.31279
P 5.45   M(N) 11.7   K 10.0   q 1.74114839   Q 4.45391493

**From 11 observations 2012 Jan. 23-Mar. 1; mean residual 0".25
Arkansas Sky Observatories H45**

State vector (heliocentric equatorial J2000):

-2.558646784786 +0.823997152086 +1.190778091270 AU

-7.645587277683 -6.849582763451 -0.630436011528 mAU/day

MOIDs: Me 1.4312 Ve 1.0331 Ea 0.7853 Ma 0.3057

MOIDs: Ju 1.1676 Sa 5.5111 Ur 14.2614 Ne 25.9333

Elements written: 30 Mar 2017 22:51:57 (JD 2457843.452743)

Full range of obs: 2012 Jan. 23-Mar. 1 (11 observations)

Find_Orb ver: Jan 17 2017 13:36:17

Perturbers: 00000000 (unperturbed orbit); not using JPL DE

Tisserand relative to Jupiter: 3.01128

Score: -0.311727

Comet 168P - Hergenrother

Orbital elements: P/168

Perihelion 2012 Oct 1.956433 +/- 0.000899 TT = 22:57:15 (JD 2456202.456433)
Epoch 2013 Jan 14.0 TT = JDT 2456306.5
Earth MOID: 0.4197   Ju: 0.0064

M 14.88103 +/- 0.0008	Ma: 0.0519	Find_Orb
n 0.14302696 +/- 7.31e-6	Peri. 13.94055 +/- 0.0010	
a 3.62124097 +/- 0.000123	Node 356.47089 +/- 0.00032	
e 0.6092847 +/- 1.13e-5	Incl. 21.92723 +/- 0.00010	
P 6.89 M(N) 14.7 K 10.0 U 4.8		
q 1.41487404 +/- 8.13e-6	Q 5.82760791 +/- 0.000239	

From 234 observations 2012 Oct. 18-2013 Jan. 14; mean residual 0".64
Arkansas Sky Observatories H45

\# State vector (heliocentric equatorial J2000):

\# +0.450147291454 +1.224896748696 +1.253761881495 AU

\# -12.323855064996 +6.994464381252 +6.672174820272 mAU/day

\# MOIDs: Me 1.0717 Ve 0.7002 Ea 0.4197 Ma 0.0519

\# MOIDs: Ju 0.0064 Sa 3.8052 Ur 12.5316 Ne 24.4883

\# Elements written: 30 Mar 2017 22:54:25 (JD 2457843.454456)

\# Full range of obs: 2012 Oct. 18-2013 Jan. 14 (234 observations)

\# Find_Orb ver: Jan 17 2017 13:36:17

\# Perturbers: 00000000 (unperturbed orbit); not using JPL DE

\# Tisserand relative to Earth: 3.07573

\# Tisserand relative to Jupiter: 2.66419

\# Score: 0.865503

Comet 168P showing a pronounced fanned tail to the southeast of a dense and elongated coma. Arkansas Sky Observatories, H45

Comet 169P - NEAT

Orbital elements: P/169

Perihelion 2010 Feb 18.208698 +/- 65.7 TT = 5:00:31 (JD 2455245.708698)
Epoch 2010 Mar 19.0 TT = JDT 2455274.5
 Earth MOID: 0.7470

M 7.85099 +/- 39
n 0.27268643 +/- 0.295   Peri. 324.49244 +/- 80
a 2.35519583 +/- 1.7   Node   177.21806 +/- 43
e 0.2682757 +/- 0.265   Incl. 10.81240 +/- 5.9
P 3.61   U 11.9 SR
q 1.72335395 +/- 0.665   Q 2.98703772 +/- 33.6

From 12 observations 2010 Mar. 16-19; mean residual 0".21
Arkansas Sky Observatories H45

State vector (heliocentric equatorial J2000):

-1.582190758661 +0.689880574632 +0.169467802852 AU

-6.696768537210 -12.763579257785 -2.799707726075 mAU/day

MOIDs: Me 1.3853 Ve 1.0201 Ea 0.7470 Ma 0.1380

MOIDs: Ju 2.0752 Sa 6.7618 Ur 16.4747 Ne 27.0303

Elements written: 30 Mar 2017 22:56:41 (JD 2457843.456030)

Full range of obs: 2010 Mar. 16-19 (12 observations)

Find_Orb ver: Jan 17 2017 13:36:17

Perturbers: 00000001 ; not using JPL DE

Score: -0.286299

Comet 174P - Echeclus

Orbital elements: P/174

Perihelion 2014 Dec 15.890572 +/- 42.3 TT = 21:22:25 (JD 2457007.390572)
Epoch 2017 Jan 27.0 TT = JDT 2457780.5   Ju: 0.2470   Sa: 0.0460

M 21.55599 +/- 6
n 0.02788220 +/- 0.0095   Peri. 142.41409 +/- 13
a 10.7708827 +/- 2.45   Node 174.49328 +/- 1.5
e 0.5340343 +/- 0.147   Incl.   4.47492 +/- 0.20
P 35.35   U 9.6
q 5.01886174 +/- 0.871   Q 16.5229037 +/- 10.6

**From 10 observations 2016 Dec. 28-2017 Jan. 27; mean residual 0".18
Arkansas Sky Observatories H45**

State vector (heliocentric equatorial J2000):

+5.806032771050 +2.776441252165 +0.909215865326 AU

-0.525165837430 +7.522414300366 +2.592121487149 mAU/day

MOIDs: Me 4.6097 Ve 4.2948 Ea 4.0065 Ma 3.6369

MOIDs: Ju 0.2470 Sa 0.0460 Ur 2.1481 Ne 13.5980

Elements written: 30 Mar 2017 22:58:39 (JD 2457843.457396)

Full range of obs: 2016 Dec. 28-2017 Jan. 27 (10 observations)

Find_Orb ver: Jan 17 2017 13:36:17

Perturbers: 00000000 (unperturbed orbit); not using JPL DE

Tisserand relative to Jupiter: 2.90850

Score: 0.445678

Comet 175P - Hergenrother

Orbital elements: P/175

Perihelion 2013 May 23.591740 +/- 0.00345 TT = 14:12:06 (JD 2456436.091740)
Epoch 2013 Apr 29.0 TT = JDT 2456411.5 Earth MOID: 0.9583   Ju: 0.2961

M 356.18020 +/- 0.00039   Find_Orb
n 0.15532831 +/- 6.62e-6   Peri. 55.98182 +/- 0.0019
a 3.42743293 +/- 9.74e-5   Node 123.59092 +/- 0.00020
e 0.4321466 +/- 1.94e-5   Incl.   6.07810 +/- 0.00006
P 6.35   M(N) 13.8   K 10.0   U 4.7
q 1.94627916 +/- 1.55e-5   Q 4.90858670 +/- 0.000205

From 73 observations 2013 Jan. 18-Apr. 29; mean residual 0".23
Arkansas Sky Observatories H45

State vector (heliocentric equatorial J2000):

-1.913502371100 +0.290104275960 +0.286365451360 AU

-1.966478331389 -13.744588859511 -4.835652570274 mAU/day

MOIDs: Me 1.5538 Ve 1.2268 Ea 0.9583 Ma 0.3062

MOIDs: Ju 0.2961 Sa 4.6048 Ur 15.1928 Ne 24.9867

Elements written: 30 Mar 2017 23:00:03 (JD 2457843.458368)

Full range of obs: 2013 Jan. 18-Apr. 29 (73 observations)

Find_Orb ver: Jan 17 2017 13:36:17

Perturbers: 00000000 (unperturbed orbit); not using JPL DE

Tisserand relative to Jupiter: 2.97372

Score: 0.099113

Comet 178P – Hug-Bell

Orbital elements: P/178

Perihelion 2013 Jul 23.059564 +/- 0.00101 TT = 1:25:46 (JD 2456496.559564)
Epoch 2014 Jan 30.0 TT = JDT 2456687.5
Earth MOID: 0.9707   Ju: 0.6479

M 26.74990 +/- 0.0012   Find_Orb
n 0.14009555 +/- 6.86e-6   Peri. 296.96752 +/- 0.0008
a 3.67158121 +/- 0.00012   Node   103.57474 +/- 0.00009
e 0.4733178 +/- 2e-5   Incl. 10.97601 +/- 0.00009
P 7.04   M(N) 13.7   K 10.0   U 4.8
q 1.93375623 +/- 1.48e-5   Q 5.40940619 +/- 0.000249

**From 52 observations 2013 Sept. 14-2014 Jan. 30; mean residual 0".45
Arkansas Sky Observatories H45**

State vector (heliocentric equatorial J2000):

-0.911627358466 +2.081261165521 +0.975663648787 AU

-12.380418526077 -0.988963194353 +2.118421841546 mAU/day

MOIDs: Me 1.6183 Ve 1.2210 Ea 0.9707 Ma 0.5293

MOIDs: Ju 0.6479 Sa 4.5178 Ur 13.2448 Ne 24.9806

Elements written: 30 Mar 2017 23:03:52 (JD 2457843.461019)

Full range of obs: 2013 Sept. 14-2014 Jan. 30 (52 observations)

Find_Orb ver: Jan 17 2017 13:36:17

Perturbers: 00000000 (unperturbed orbit); not using JPL DE

Tisserand relative to Jupiter: 2.87003

Score: 0.675881

Comet 184P - Lovas

Orbital elements: P/184

Perihelion 2013 Jul 19.757079 TT = 18:10:11 (JD 2456493.257079)
Epoch 2013 Sep 15.0 TT = JDT 2456550.5
Earth MOID: 0.2747   Ma: 0.0388

M 18.67204
n 0.32618951   Peri. 71.05743
a 2.09004697   Node 272.35084
e 0.3867159   Incl.   1.42297
P 3.02   M(N) 17.8   K 10.0
q 1.28179253 Q 2.89830141

**From 18 observations 2013 Aug. 19-Sept. 15; mean residual 0".35
Arkansas Sky Observatories H45**

State vector (heliocentric equatorial J2000):

+1.238264598859 +0.561020055880 +0.277423798750 AU

-4.387167754391 +14.992489517102 +6.399460967286 mAU/day

MOIDs: Me 0.9022 Ve 0.5600 Ea 0.2747 Ma 0.0388

MOIDs: Ju 2.5157 Sa 6.3958 Ur 15.3958 Ne 27.2782

Elements written: 30 Mar 2017 23:06:44 (JD 2457843.463009)

Full range of obs: 2013 Aug. 19-Sept. 15 (18 observations)

Find_Orb ver: Jan 17 2017 13:36:17

Perturbers: 00000000 (unperturbed orbit); not using JPL DE

Tisserand relative to Earth: 3.14408

Barbee-style encounter velocity: 1.4850 km/s

Score: -0.120179

Comet 204P – LINEAR-NEAT

Orbital elements: P/204

Perihelion 2015 Dec 11.612388 +/- 0.0121 TT = 14:41:50 (JD 2457368.112388)
Epoch 2016 Mar 29.0 TT = JDT 2457476.5
Earth MOID: 0.9464   Ju: 0.0990

```
M  15.27911 +/- 0.0017                          Find_Orb
n  0.14096733 +/- 9.01e-9      Peri. 355.08741 +/- 0.0057
a  3.65642834 +/- 1.56e-7      Node  109.06766 +/- 0.00040
e  0.4722776 +/- 9.63e-6       Incl.   6.58832 +/- 0.00012
P  6.99      M(N) 14.7    K 10.0    U 2.5
q 1.92957882 +/- 3.53e-5   Q 5.38327785 +/- 3.51e-5
```

From 76 observations 2009 Jan. 1-2016 Mar. 29; mean residual 1".07
Arkansas Sky Observatories H41 / H45

State vector (heliocentric equatorial J2000):

-1.824551206325 +0.937338758999 +0.578635699062 AU

-9.801280564471 -9.685085402870 -2.624494762106 mAU/day

MOIDs: Me 1.6182 Ve 1.2114 Ea 0.9464 Ma 0.3176

MOIDs: Ju 0.0990 Sa 4.6553 Ur 14.0501 Ne 24.8108

Elements written: 30 Mar 2017 23:10:50 (JD 2457843.465856)

Full range of obs: 2009 Jan. 1-2016 Mar. 29 (76 observations)

Find_Orb ver: Jan 17 2017 13:36:17

Perturbers: 000001fe ; not using JPL DE

Tisserand relative to Jupiter: 2.89110

Score: 1.223075

Comet 209P - LINEAR

Orbital elements: P/209

Perihelion 2014 May 6.325631 +/- 7.16e-5 TT = 7:48:54 (JD 2456783.825631)
Epoch 2014 May 26.0 TT = JDT 2456803.5
Earth MOID: 0.0030   Ju: 0.4574

```
M   3.80466 +/- 0.000013                    Find_Orb
n   0.19338171 +/- 1.85e-8      Peri.  152.39478 +/- 0.00008
a   2.96159579 +/- 1.89e-7      Node    62.82459 +/- 0.000025
e   0.6726563 +/- 9.86e-8       Incl.   21.24370 +/- 0.000049
P   5.10        M(N) 20.5   K  10.0    U  0.9
q 0.96945957 +/- 2.42e-7   Q 4.95373201 +/- 5.85e-7
```

From 53 observations 2009 Jan. 22-2014 May 26; mean residual 1".57
Arkansas Sky Observatories H45

State vector (heliocentric equatorial J2000):

-0.490321209010 -0.814384682963 -0.338939685568 AU

+15.728572130796 -9.138917764578 -12.473794943465 mAU/day

MOIDs: Me 0.5307 Ve 0.2605 Ea 0.0030 Ma 0.3181

MOIDs: Ju 0.4574 Sa 4.3289 Ur 14.8818 Ne 24.9115

Elements written: 30 Mar 2017 23:50:54 (JD 2457843.493681)

Full range of obs: 2009 Jan. 22-2014 May 26 (53 observations)

Find_Orb ver: Jan 17 2017 13:36:17

Perturbers: 00000468 ; not using JPL DE

Tisserand relative to Earth: 2.71141

Tisserand relative to Jupiter: 2.79756

Earth encounter velocity 16.1161 km/s

Barbee-style encounter velocity: 15.6054 km/s

Score: 1.478327

Comet 210P - Christensen

Orbital elements: P/210

Perihelion 2008 Dec 19.966462 +/- 0.00797 TT = 23:11:42 (JD 2454820.466462)
Epoch 2009 Apr 4.0 TT = JDT 2454925.5   Earth MOID: 0.1704   Ju: 0.0168

M 18.28159 +/- 0.013   Ve: 0.0573   Find_Orb
n 0.17405481 +/- 0.000135   Peri. 345.77342 +/- 0.0051
a 3.17696195 +/- 0.00164   Node   93.87581 +/- 0.015
e 0.8316860 +/- 0.000163   Incl. 10.21658 +/- 0.0032
P 5.66   M(N) 16.1   K 10.0   U 6.8
q 0.53472695 +/- 0.00029   Q 5.81919696 +/- 0.00348

**From 18 observations 2009 Feb. 5-Apr. 4; mean residual 0".35
Arkansas Sky Observatories H45**

State vector (heliocentric equatorial J2000):

-1.646347291954 -0.787245727884 -0.009011312697 AU

-7.160285250251 -12.810212241368 -3.973535755199 mAU/day

MOIDs: Me 0.2312 Ve 0.0573 Ea 0.1704 Ma 0.1579

MOIDs: Ju 0.0168 Sa 4.2225 Ur 13.3077 Ne 24.4616

Elements written: 30 Mar 2017 23:52:19 (JD 2457843.494664)

Full range of obs: 2009 Feb. 5-Apr. 4 (18 observations)

Find_Orb ver: Jan 17 2017 13:36:17

Perturbers: 00000000 (unperturbed orbit); not using JPL DE

Tisserand relative to Earth: 2.26273

Tisserand relative to Jupiter: 2.49179

Earth encounter velocity 25.7594 km/s

Barbee-style encounter velocity: 24.9135 km/s

Score: 0.118314

Comet 211P - Hill

Orbital elements: P/211

Perihelion 2016 Feb 18.848531 TT = 20:21:53 (JD 2457437.348531)
Epoch 2016 Mar 4.0 TT = JDT 2457451.5
Earth MOID: 0.9082

M   3.49079
n   0.24667391   Peri. 15.45725
a   2.51798942   Node 116.33060
e   0.2491746   Incl. 12.05932
P   4.00   M(N) 14.7   K 10.0   q 1.89057021   Q 3.14540863

7 of 19 observations 2016 Jan. 5-Mar. 4; mean residual 0".22
Arkansas Sky Observatories H45

State vector (heliocentric equatorial J2000):

-1.387947675372 +1.115551258256 +0.641254344493 AU

-9.342301999753 -10.282515264842 -1.473424451159 mAU/day

MOIDs: Me 1.5566 Ve 1.1722 Ea 0.9082 Ma 0.2437

MOIDs: Ju 1.9359 Sa 6.7138 Ur 16.2742 Ne 26.9198

Elements written: 30 Mar 2017 23:54:13 (JD 2457843.495984)

Full range of obs: 2009 Jan. 21-2016 Mar. 4 (19 observations)

Find_Orb ver: Jan 17 2017 13:36:17

Perturbers: 00000000 (unperturbed orbit); not using JPL DE

Score: -0.468922

Comet P213 – Van Ness

Orbital elements: P/213

Perihelion 2011 Jun 16.379956 +/- 0.00287 TT = 9:07:08 (JD 2455728.879956)
Epoch 2012 Jan 15.0 TT = JDT 2455941.5   Ju: 0.5911

M 33.07449 +/- 0.00054
n 0.15555679 +/- 2.37e-6   Peri. 3.38759 +/- 0.0012
a 3.42407591 +/- 3.48e-5   Node 312.65204 +/- 0.00015
e 0.3800750 +/- 7.31e-6   Incl. 10.23670 +/- 0.000055
P 6.34   M(N) 11.9   K 10.0   U 4.1
q 2.12267007 +/- 1.25e-5   Q 4.72548174 +/- 7.08e-5

**From 60 observations 2011 July 2-2012 Jan. 15; mean residual 0".19
Arkansas Sky Observatories H45**

\# State vector (heliocentric equatorial J2000):

\#   +2.305423021790 +0.813796871700 +0.830186353812 AU

\#   -1.723390807423 +10.310583889098 +5.789393489040 mAU/day

\# MOIDs: Me 1.7049 Ve 1.3964 Ea 1.1087 Ma 0.7336

\# MOIDs: Ju 0.5911 Sa 4.4089 Ur 13.6868 Ne 25.3348

\# Elements written: 30 Mar 2017 23:56:05 (JD 2457843.497280)

\# Full range of obs: 2011 July 2-2012 Jan. 15 (60 observations)

\# Find_Orb ver: Jan 17 2017 13:36:17

\# Perturbers: 00000020 ; not using JPL DE

\# Tisserand relative to Jupiter: 2.99640

\# Score: 0.015467

Comet 217P - LINEAR

Orbital elements: P/217

Perihelion 2009 Sep 8.971700 +/- 0.000304 TT = 23:19:14 (JD 2455083.471700)
Epoch 2010 Mar 20.0 TT = JDT 2455275.5
Earth MOID: 0.3076   Ju: 0.6513

M 24.17019 +/- 0.0006	Ma: 0.0635	Find_Orb
n 0.12586789 +/- 3.47e-6	Peri. 246.75259 +/- 0.00033	
a 3.94329626 +/- 7.25e-5	Node 125.62108 +/- 0.00024	
e 0.6895820 +/- 5.23e-6	Incl. 12.88138 +/- 0.00012	
P 7.83 M(N) 13.9 K 10.0 U 4.3		
q 1.22406981 +/- 3.89e-6	Q 6.66252271 +/- 0.000143	

From 76 observations 2009 Oct. 20-2010 Mar. 20; mean residual 0".22
Arkansas Sky Observatories H41 / H45

State vector (heliocentric equatorial J2000):

-1.110109491836 +2.070291142622 +0.800531868886 AU

-12.310479445601 +1.876043362575 +2.890869011160 mAU/day

MOIDs: Me 0.8802 Ve 0.5174 Ea 0.3076 Ma 0.0635

MOIDs: Ju 0.6513 Sa 3.1885 Ur 11.8651 Ne 23.7569

Elements written: 30 Mar 2017 23:57:39 (JD 2457843.498368)

Full range of obs: 2009 Oct. 20-2010 Mar. 20 (76 observations)

Find_Orb ver: Jan 17 2017 13:36:17

Perturbers: 00000020 ; not using JPL DE

Tisserand relative to Earth: 3.05744

Tisserand relative to Jupiter: 2.54871

Barbee-style encounter velocity: 6.9142 km/s

Score: 0.317951

Comet 226P – Pigott-LINEAR-Kowalski *

Orbital elements: P/226

Perihelion 2017 Feb 2.672790 +/- 80 TT = 16:08:49 (JD 2457787.172790)
Epoch 2017 Jan 9.0 TT = JDT 2457762.5
Earth MOID: 0.0038

M 353.01519 +/- 44
n 0.28309735 +/- 0.335   Peri. 190.24931 +/- 110
a 2.29709438 +/- 1.81   Node 305.55503 +/- 30
e 0.5721226 +/- 0.265   Incl.   9.53925 +/- 16
P 3.48   U 12.0 SR
q 0.98287469 +/- 0.736   Q 3.61131408 +/- 24.9

*From 4 observations 2017 Jan. 9 (8.5 min); mean residual 0".12
Arkansas Sky Observatories H45

State vector (heliocentric equatorial J2000):

-0.281502988344 +0.888026420960 +0.448850012110 AU

-18.616103590809 -7.091262136028 -6.830786692289 mAU/day

MOIDs: Me 0.6519 Ve 0.2710 Ea 0.0038 Ma 0.2317

MOIDs: Ju 1.4647 Sa 6.2822 Ur 16.2653 Ne 26.4490

Elements written: 30 Mar 2017 23:59:33 (JD 2457843.499687)

Full range of obs: 2017 Jan. 9 (8.5 min) (4 observations)

Find_Orb ver: Jan 17 2017 13:36:17

Perturbers: 00000001 ; not using JPL DE

Tisserand relative to Earth: 2.88708

Earth encounter velocity 10.0812 km/s

Barbee-style encounter velocity: 9.3662 km/s

Score: -0.351576

Comet 230P - LINEAR

Orbital elements: P/230

Perihelion 2015 Nov 18.084527 +/- 0.000324 TT = 2:01:43 (JD 2457344.584527)
Epoch 2016 Mar 21.0 TT = JDT 2457468.5 Earth MOID: 0.5466   Ju: 0.7259

M 19.48517 +/- 0.000047   Ma: 0.0996   Find_Orb
n 0.15724571 +/- 2.73e-8   Peri. 308.92699 +/- 0.00019
a 3.39951401 +/- 3.94e-7   Node 112.39474 +/- 0.00006
e 0.5630795 +/- 3.84e-7   Incl. 14.65283 +/- 0.000025
P 6.27   M(N) 14.2   K 10.0   U 1.2
q 1.48531717 +/- 1.2e-6   Q 5.31371085 +/- 1.77e-6

**From 35 observations 2010 Feb. 18-2016 Mar. 21; mean residual 0".21
Arkansas Sky Observatories H45**

State vector (heliocentric equatorial J2000):

-1.254615570645 +1.289649408927 +0.729724902909 AU

-13.658580001055 -5.305141394204 +1.751638934775 mAU/day

MOIDs: Me 1.1854 Ve 0.7863 Ea 0.5466 Ma 0.0996

MOIDs: Ju 0.7259 Sa 4.8107 Ur 13.6581 Ne 25.0889

Elements written: 31 Mar 2017 0:01:11 (JD 2457843.500822)

Full range of obs: 2010 Feb. 18-2016 Mar. 21 (35 observations)

Find_Orb ver: Jan 17 2017 13:36:17

Perturbers: 000001fe ; not using JPL DE

Tisserand relative to Jupiter: 2.82310

Score: 0.188303

Comet 240P - NEAT

Orbital elements: P/240

Perihelion 2010 Oct 4.304848 +/- 0.012 TT = 7:18:58 (JD 2455473.804848)
Epoch 2011 Mar 29.0 TT = JDT 2455649.5   Ju: 0.2411

M 22.82115 +/- 0.0012
n 0.12989064 +/- 1.31e-5   Peri. 351.93904 +/- 0.0054
a 3.86145340 +/- 0.000259   Node   74.97370 +/- 0.00030
e 0.4500078 +/- 4.31e-5   Incl. 23.52115 +/- 0.00041
P 7.59   M(N) 12.9   K 10.0   U 5.2
q 2.12376887 +/- 3.71e-5   Q 5.59913793 +/- 0.000541

From 35 observations 2010 Nov. 27-2011 Mar. 29; mean residual 0".84
Arkansas Sky Observatories H45

\# State vector (heliocentric equatorial J2000):

\# -1.346790986862 +1.492918233944 +1.506498768326 AU

\# -11.069751127404 -5.662505096319 +2.079669338263 mAU/day

\# MOIDs: Me 1.8171 Ve 1.4037 Ea 1.1399 Ma 0.5955

\# MOIDs: Ju 0.2411 Sa 4.4035 Ur 13.3197 Ne 24.7079

\# Elements written: 31 Mar 2017 0:02:54 (JD 2457843.502014)

\# Full range of obs: 2010 Nov. 27-2011 Mar. 29 (35 observations)

\# Find_Orb ver: Jan 17 2017 13:36:17

\# Perturbers: 00000000 (unperturbed orbit); not using JPL DE

\# Tisserand relative to Jupiter: 2.75827

\# Score: 1.055058

Comet 242P - Spahr

Orbital elements: P/242

Perihelion 2012 Apr 3.494900 +/- 0.036 TT = 11:52:39 (JD 2456020.994900)
Epoch 2013 Mar 17.0 TT = JDT 2456368.5   Ju: 0.2674

M 26.48176 +/- 0.0027
n 0.07620540 +/- 2.55e-6   Peri. 247.72766 +/- 0.0049
a 5.50992282 +/- 0.000123   Node   180.72423 +/- 0.00021
e 0.2776282 +/- 1.49e-5   Incl.   32.48242 +/- 0.000042
P 12.93   M(N) 9.2   K 10.0   U 4.1
q 3.98021239 +/- 1.87e-5   Q 7.03963326 +/- 0.000238

From 25 observations 2012 Jan. 20-2013 Mar. 17; mean residual 0".33 Arkansas Sky Observatories H45

State vector (heliocentric equatorial J2000):

-1.791193311303 +3.824931119576 -0.620931769332 AU

-8.892329172733 -2.398483074278 +0.320520858489 mAU/day

MOIDs: Me 3.7159 Ve 3.3568 Ea 3.1431 Ma 2.7541

MOIDs: Ju 0.2674 Sa 3.5655 Ur 12.2478 Ne 24.0184

Elements written: 31 Mar 2017 0:04:42 (JD 2457843.503264)

Full range of obs: 2012 Jan. 20-2013 Mar. 17 (25 observations)

Find_Orb ver: Jan 17 2017 13:36:17

Perturbers: 00000060 ; not using JPL DE

Tisserand relative to Jupiter: 2.61221

Score: 0.478985

Comet 244P - Scotti

Orbital elements: P/244

Perihelion 2012 Jan 20.695261 +/- 0.002 TT = 16:41:10 (JD 2455947.195261)
Epoch 2013 Mar 19.0 TT = JDT 2456370.5   Ju: 0.0461

M   38.55203 +/- 0.0008
n   0.09107394 +/- 2.17e-6   Peri. 92.68466 +/- 0.0006
a   4.89260277 +/- 7.76e-5   Node 354.13210 +/- 0.0006
e   0.1990257 +/- 1.15e-5   Incl.   2.25945 +/- 0.000023
P 10.82   M(N) 9.6   K 10.0   U 4.0
q 3.91884883 +/- 5.78e-6   Q 5.86635671 +/- 0.000149

**From 54 observations 2010 Oct. 31-2013 Mar. 19; mean residual 0".27
Arkansas Sky Observatories H45**

State vector (heliocentric equatorial J2000):

-3.362617241920 +2.313965012346 +1.097945764527 AU

-6.385373071174 -5.599121375398 -2.721660108901 mAU/day

MOIDs: Me 3.6108 Ve 3.1994 Ea 2.9359 Ma 2.3426

MOIDs: Ju 0.0461 Sa 4.2078 Ur 13.1103 Ne 24.3933

Elements written: 31 Mar 2017 0:06:03 (JD 2457843.504201)

Full range of obs: 2010 Oct. 31-2013 Mar. 19 (54 observations)

Find_Orb ver: Jan 17 2017 13:36:17

Perturbers: 00000060 ; not using JPL DE

Tisserand relative to Jupiter: 2.96260

Score: 0.371756

Comet 244P from February 12, 3013, showing a very faint westward tail.
Arkansas Sky Observatories photograph, P. Clay Sherrod

Comet 246P - NEAT

Orbital elements: P/246

Perihelion 2013 Jan 28.871076 +/- 0.0376 TT = 20:54:21 (JD 2456321.371076)
Epoch 2012 May 27.0 TT = JDT 2456074.5   Ju: 0.0935

M 329.88741 +/- 0.0056
n 0.12197695 +/- 2.75e-5   Peri. 176.20562 +/- 0.018
a 4.02671465 +/- 0.000606   Node   78.78772 +/- 0.0028
e 0.2847682 +/- 0.00021   Incl. 15.97024 +/- 0.00051
P 8.08   M(N) 7.2   K 10.0   U 5.7
q 2.88003428 +/- 0.000423   Q 5.17339503 +/- 0.00162

From 29 observations 2012 Mar. 5-May 27; mean residual 0".12
Arkansas Sky Observatories H45

State vector (heliocentric equatorial J2000):

-2.827315936468 -1.394906058314 +0.187200089515 AU

+5.534732396847 -7.343667393455 -5.416660511211 mAU/day

MOIDs: Me 2.4149 Ve 2.1541 Ea 1.8654 Ma 1.3858

MOIDs: Ju 0.0935 Sa 3.8668 Ur 13.9067 Ne 24.6684

Elements written: 31 Mar 2017 0:07:27 (JD 2457843.505174)

Full range of obs: 2012 Mar. 5-May 27 (29 observations)

Find_Orb ver: Jan 17 2017 13:36:17

Perturbers: 00000000 (unperturbed orbit); not using JPL DE

Tisserand relative to Jupiter: 2.91366

Score: 0.258566

Comet 247P - LINEAR

Orbital elements: P/247

Perihelion 2010 Dec 1.048141 +/- 43.2 TT = 1:09:19 (JD 2455531.548141)
Epoch 2011 Mar 11.0 TT = JDT 2455631.5
Earth MOID: 0.1566   Ju: 0.9756

```
M  21.51902 +/- 38                       Find_Orb
n  0.21529387 +/- 0.218      Peri.  354.23066 +/- 60
a  2.75707304 +/- 1.86       Node    72.15056 +/- 22
e  0.5859483 +/- 0.211       Incl.   14.04528 +/- 3.4
P  4.58        M(N) 16.3   K 10.0   U 11.7  SR
q 1.14157061 +/- 0.282   Q 4.37257547 +/- 2.37
```

From 12 observations 2011 Mar. 1-11; mean residual 0".31
Arkansas Sky Observatories H45

State vector (heliocentric equatorial J2000):

-1.286566387429 +0.690491212850 +0.709829433751 AU

-13.868446664119 -8.037134522015 -0.518599914889 mAU/day

MOIDs: Me 0.8338 Ve 0.4205 Ea 0.1566 Ma 0.2687

MOIDs: Ju 0.9756 Sa 5.6179 Ur 14.5066 Ne 25.9355

Elements written: 31 Mar 2017 0:08:43 (JD 2457843.506053)

Full range of obs: 2011 Mar. 1-11 (12 observations)

Find_Orb ver: Jan 17 2017 13:36:17

Perturbers: 00000001 ; not using JPL DE

Tisserand relative to Earth: 2.97333

Tisserand relative to Jupiter: 3.03173

Barbee-style encounter velocity: 9.3570 km/s

Score: -0.042646

Comet 249P - LINEAR

Orbital elements: P/249

Perihelion 2015 Sep 18.964487 TT = 23:08:51 (JD 2457284.464487)
Epoch 2016 Jan 29.0 TT = JDT 2457416.5
Earth MOID: 0.0427   Ve: 0.0005

M 174.67540
n 1.32294256   Peri. 358.86151
a 0.82181750   Node   307.45874
e 0.1460415   Incl.   0.63950
P 0.75/272.12d M(N) 21.8   K 10.0
q 0.70179802 Q 0.94183698

10 of 12 observations 2016 Jan. 13-29; mean residual 2".01
Arkansas Sky Observatories H45

State vector (heliocentric equatorial J2000):

-0.503185314857 +0.729653254976 +0.317371466943 AU

-13.953755453371 -7.810755412030 -3.584703971365 mAU/day

MOIDs: Me 0.2582 Ve 0.0005 Ea 0.0427 Ma 0.6390

MOIDs: Ju 4.1610 Sa 8.0995 Ur 17.3838 Ne 28.9598

Elements written: 31 Mar 2017 0:10:05 (JD 2457843.507002)

Full range of obs: 2016 Jan. 13-29 (12 observations)

Find_Orb ver: Jan 17 2017 13:36:17

Perturbers: 00000000 (unperturbed orbit); not using JPL DE

Tisserand relative to Earth: 3.01035

Earth encounter velocity 0.0000 km/s

Barbee-style encounter velocity: 1.9172 km/s

Score: 1.867393

Comet 257P - Catalina

Orbital elements: P/257

Perihelion 2013 Jun 4.437265 +/- 0.00862 TT = 10:29:39 (JD 2456447.937265)
Epoch 2014 Jan 3.0 TT = JDT 2456660.5

M 28.82212 +/- 0.0048
n 0.13559349 +/- 2.35e-5   Peri. 117.81651 +/- 0.0045
a 3.75240886 +/- 0.000434   Node 207.86648 +/- 0.00056
e 0.4326177 +/- 6.03e-5   Incl. 20.24422 +/- 0.0008
P 7.27   M(N) 13.0   K 10.0   U 5.6
q 2.12905012 +/- 7.39e-5   Q 5.37576761 +/- 0.00084

**From 53 observations 2013 Sept. 1-2014 Jan. 3; mean residual 0".32
Arkansas Sky Observatories H45**

State vector (heliocentric equatorial J2000):

+2.178290730855 +1.415228374134 +0.491901062908 AU

-2.890040325217 +11.672669304130 +0.623804053104 mAU/day

MOIDs: Me 1.7736 Ve 1.4699 Ea 1.1998 Ma 0.9048

MOIDs: Ju 1.1662 Sa 4.4985 Ur 13.3050 Ne 25.0716

Elements written: 31 Mar 2017 0:11:41 (JD 2457843.508113)

Full range of obs: 2013 Sept. 1-2014 Jan. 3 (53 observations)

Find_Orb ver: Jan 17 2017 13:36:17

Perturbers: 00000020 ; not using JPL DE

Tisserand relative to Jupiter: 2.82332

Score: 0.499441

Comet 260P - McNaught

Orbital elements: P/260

Perihelion 2012 Sep 12.526834 +/- 0.00121 TT = 12:38:38 (JD 2456183.026834)
Epoch 2013 Feb 6.0 TT = JDT 2456329.5
Earth MOID: 0.5002   Ju: 0.0252

M 20.42796 +/- 0.0006		Find_Orb
n 0.13946558 +/- 3.8e-6	Peri. 15.69837 +/- 0.0017	
a 3.68262938 +/- 6.69e-5	Node 351.96035 +/- 0.00057	
e 0.5934691 +/- 6.02e-6	Incl. 15.73431 +/- 0.000043	
P 7.07 M(N) 13.0 K 10.0 U 4.4		
q 1.49710227 +/- 1.56e-5	Q 5.86815649 +/- 0.000125	

From 119 observations 2012 Oct. 17-2013 Feb. 6; mean residual 0".50 Arkansas Sky Observatories H45

State vector (heliocentric equatorial J2000):

+0.169765808823 +1.631921140159 +1.331048606629 AU

-12.007586936187 +6.068046345773 +4.331821616324 mAU/day

MOIDs: Me 1.1512 Ve 0.7809 Ea 0.5002 Ma 0.1365

MOIDs: Ju 0.0252 Sa 3.7320 Ur 12.4740 Ne 24.4319

Elements written: 31 Mar 2017 0:12:57 (JD 2457843.508993)

Full range of obs: 2012 Oct. 17-2013 Feb. 6 (119 observations)

Find_Orb ver: Jan 17 2017 13:36:17

Perturbers: 00000000 (unperturbed orbit); not using JPL DE

Tisserand relative to Jupiter: 2.71640

Score: 0.722054

Comet 262P – McNaught-Russell

Orbital elements: P/262

Perihelion 2012 Dec 4.477982 +/- 0.000177 TT = 11:28:17 (JD 2456265.977982)
Epoch 2013 Feb 3.0 TT = JDT 2456326.5 Earth MOID: 0.2908 Sa: 0.5249

M   3.26970 +/- 0.0009   Find_Orb
n   0.05402513 +/- 1.66e-5   Peri. 171.19372 +/- 0.00016
a   6.93008933 +/- 0.00142   Node   218.01309 +/- 0.00038
e   0.8153146 +/- 3.69e-5   Incl. 29.07818 +/- 0.00021
P 18.24   M(N) 15.4   K 10.0   U 5.4
q 1.27988565 +/- 6.97e-6   Q 12.5802930 +/- 0.00284

From 158 observations 2012 Nov. 4-2013 Feb. 3; mean residual 0".42
Arkansas Sky Observatories H45

\# State vector (heliocentric equatorial J2000):

\# +0.377794729709 +1.465230733272 +0.112871774050 AU

\# -14.179120215788 +11.230359206510 -4.490937590628 mAU/day

\# MOIDs: Me 0.9578 Ve 0.5624 Ea 0.2908 Ma 0.1596

\# MOIDs: Ju 1.5119 Sa 0.5249 Ur 6.0216 Ne 17.8471

\# Elements written: 31 Mar 2017 0:14:59 (JD 2457843.510405)

\# Full range of obs: 2012 Nov. 4-2013 Feb. 3 (158 observations)

\# Find_Orb ver: Jan 17 2017 13:36:17

\# Perturbers: 00000000 (unperturbed orbit); not using JPL DE

\# Tisserand relative to Earth: 2.80859

\# Tisserand relative to Jupiter: 1.91883

\# Barbee-style encounter velocity: 17.2839 km/s

\# Score: 0.831265

Comet 262P – Jan 20, 2013 from Arkansas Sky Observatories
This very small comet was exhibiting a short fanned tail on this date

Comet 270P - Gehrels

Orbital elements: P/270

Perihelion 2015 Jul 21.351933 TT = 8:26:47 (JD 2457224.851933)
Epoch 2013 Feb 3.0 TT = JDT 2456326.5

M 184.54802
n   0.19530427   Peri.   0.77256
a   2.94212794   Node 227.62417
e   0.0942240   Incl.   2.75574
P   5.05   M(N) 11.6   K 10.0
q 2.66490867 Q 3.21934720

**From 8 observations 2012 Dec. 18-2013 Feb. 3; mean residual 1".51
Arkansas Sky Observatories H45**

State vector (heliocentric equatorial J2000):

+1.973868637996 +2.337385432996 +0.999986844237 AU

-7.239947874207 +5.256591153207 +1.802529201127 mAU/day

MOIDs: Me 2.2086 Ve 1.9413 Ea 1.6550 Ma 1.0764

MOIDs: Ju 1.7599 Sa 5.8577 Ur 15.4847 Ne 26.5932

Elements written: 31 Mar 2017 0:17:38 (JD 2457843.512245)

Full range of obs: 2012 Dec. 18-2013 Feb. 3 (8 observations)

Find_Orb ver: Jan 17 2017 13:36:17

Perturbers: 00000020 ; not using JPL DE

Score: 0.818345

Comet 273P – Pons-Gambart

Orbital elements: P/273

Perihelion 2012 Dec 19.667868 +/- 0.00149 TT = 16:01:43 (JD 2456281.167868)
Epoch 2013 Apr 29.0 TT = JDT 2456411.5
Earth MOID: 0.1718   Ur: 0.1929

```
M  0.68851 +/- 0.0025                        Find_Orb
n  0.00528275 +/- 1.92e-5      Peri.  20.17805 +/- 0.0055
a  32.6509378 +/- 0.0794       Node  320.43248 +/- 0.0006
e  0.9751931 +/- 5.79e-5       Incl. 136.39635 +/- 0.00013
P  186.57        M(N) 11.7   K 10.0    U 5.5
q  0.80996681 +/- 7.58e-5   Q 64.4919088 +/- 0.157
```

From 96 observations 2013 Mar. 12-Apr. 29; mean residual 0".28
Arkansas Sky Observatories H45

\# State vector (heliocentric equatorial J2000):

\# -1.889461592185 -0.601895588645 +1.084973048702 AU

\# -13.744370544724 +5.707512827955 +5.592310625644 mAU/day

\# MOIDs: Me 0.4211 Ve 0.1144 Ea 0.1718 Ma 0.5177

\# MOIDs: Ju 1.3894 Sa 1.0653 Ur 0.1929 Ne 2.3108

\# Elements written: 31 Mar 2017 0:19:02 (JD 2457843.513218)

\# Full range of obs: 2013 Mar. 12-Apr. 29 (96 observations)

\# Find_Orb ver: Jan 17 2017 13:36:17

\# Perturbers: 00000000 (unperturbed orbit); not using JPL DE

\# Tisserand relative to Earth: -1.80120

\# Tisserand relative to Jupiter: -0.64369

\# Tisserand relative to Neptune: 0.58686
\# Earth encounter velocity 65.7349 km/s

\# Barbee-style encounter velocity: 69.5631 km/s

Comet 274P – Tombaugh-Tenagra

Orbital elements: P/274

Perihelion 2013 Feb 23.247666 +/- 0.03 TT = 5:56:38 (JD 2456346.747666)
Epoch 2013 Apr 1.0 TT = JDT 2456383.5   Ju: 0.0000

M   3.97716 +/- 0.0037
n   0.10821522 +/- 1.33e-5   Peri. 38.42373 +/- 0.010
a   4.36124489 +/- 0.000358   Node   81.36572 +/- 0.0008
e   0.4400768 +/- 4.4e-5   Incl. 15.83995 +/- 0.00028
P   9.11   M(N) 13.0   K 10.0   U 5.2
q 2.44196206 +/- 1.88e-5   Q 6.28052773 +/- 0.000707

**From 74 observations 2013 Jan. 14-Apr. 1; mean residual 0".32
Arkansas Sky Observatories H45**

State vector (heliocentric equatorial J2000):

-1.545659196521 +1.484114222904 +1.201411165592 AU

-10.071142120205 -8.410772813398 -0.943054099135 mAU/day

MOIDs: Me 2.1205 Ve 1.7317 Ea 1.4797 Ma 0.8563

MOIDs: Ju 0.0000 Sa 3.9321 Ur 13.4362 Ne 23.9812

Elements written: 31 Mar 2017 0:20:30 (JD 2457843.514236)

Full range of obs: 2013 Jan. 14-Apr. 1 (74 observations)

Find_Orb ver: Jan 17 2017 13:36:17

Perturbers: 00000000 (unperturbed orbit); not using JPL DE

Tisserand relative to Jupiter: 2.77484

Score: 0.538904

Comet 285P – LINEAR *

Orbital elements: P/285

Perihelion 2013 Aug 25.293287 +/- 119 TT = 7:02:20 (JD 2456529.793287)
Epoch 2013 Sep 15.0 TT = JDT 2456550.5
Earth MOID: 0.0202

M   5.33797 +/- 100
n   0.25778982 +/- 0.352   Peri. 189.87491 +/- 100
a   2.44507507 +/- 2.22   Node 151.51343 +/- 48
e   0.5801867 +/- 0.237   Incl. 8.17054 +/- 8
P   3.82   U 12.0 SR
q 1.02647485 +/- 0.517   Q 3.86367528 +/- 1.23

*From 6 observations 2013 Sept. 15 (12.4 min); mean residual 0".39 Arkansas Sky Observatories H45

State vector (heliocentric equatorial J2000):

+1.052715922372 +0.122309672123 -0.038854570330 AU

+1.109675749162 +20.063145588023 +5.768169987394 mAU/day

MOIDs: Me 0.6437 Ve 0.3003 Ea 0.0202 Ma 0.2195

MOIDs: Ju 1.5437 Sa 5.4457 Ur 14.4339 Ne 26.3130

Elements written: 31 Mar 2017 0:21:58 (JD 2457843.515255)

Full range of obs: 2013 Sept. 15 (12.4 min) (6 observations)

Find_Orb ver: Jan 17 2017 13:36:17

Perturbers: 00000001 ; not using JPL DE

Tisserand relative to Earth: 2.93030

Tisserand relative to Jupiter: 3.23339

Earth encounter velocity 7.9201 km/s

Barbee-style encounter velocity: 8.7927 km/s

Score: -0.057345

Comet 290P - Jager

Orbital elements: P/290

Perihelion 2014 Mar 12.453262 +/- 0.000441 TT = 10:52:41 (JD 2456728.953262)
Epoch 2014 May 3.0 TT = JDT 2456780.5   Sa: 0.1263

M 3.34318 +/- 0.00007
n 0.06485743 +/- 1.02e-6   Peri. 180.71547 +/- 0.00017
a 6.13521143 +/- 6.41e-5   Node   303.42371 +/- 0.000032
e 0.6485418 +/- 3.4e-6   Incl. 19.05629 +/- 0.000027
P 15.20   M(N) 10.9   K 10.0   U 3.5
q 2.15627010 +/- 2.34e-6   Q 10.1141527 +/- 0.000126

**From 237 observations 2013 Sept. 5-2014 May 3; mean residual 0".23
Arkansas Sky Observatories H45**

State vector (heliocentric equatorial J2000):

-1.760895956578 +1.304970415422 +0.284188146024 AU

-9.548103250177 -7.578848747486 -8.422994133221 mAU/day

MOIDs: Me 1.8341 Ve 1.4388 Ea 1.1719 Ma 0.5201

MOIDs: Ju 1.5576 Sa 0.1263 Ur 9.6589 Ne 19.9997

Elements written: 31 Mar 2017 0:23:25 (JD 2457843.516262)

Full range of obs: 2013 Sept. 5-2014 May 3 (237 observations)

Find_Orb ver: Jan 17 2017 13:36:17

Perturbers: 00000020 ; not using JPL DE

Tisserand relative to Jupiter: 2.41059

Score: 0.551237

Comet 292P – Li

Orbital elements: P/292

Perihelion 2014 Feb 4.839512 +/- 0.0187 TT = 20:08:53 (JD 2456693.339512)
Epoch 2014 Feb 18.0 TT = JDT 2456706.5   Ju: 0.8566

M   0.85547 +/- 0.0018
n   0.06500350 +/- 8.1e-5   Peri. 319.06142 +/- 0.0058
a   6.12601691 +/- 0.00509   Node   91.86203 +/- 0.0026
e   0.5882313 +/- 0.00032   Incl.   24.35795 +/- 0.0007
P 15.16   M(N) 11.0   K 10.0   U 6.4
q 2.52250155 +/- 0.000136   Q 9.72953228 +/- 0.01

**From 49 observations 2014 Jan. 1-Feb. 18; mean residual 0".36
Arkansas Sky Observatories H45**

State vector (heliocentric equatorial J2000):

+1.313414751984 +2.142073362820 +0.247842370872 AU

-10.013145511855 +5.720090227571 +7.287756480379 mAU/day

MOIDs: Me 2.2238 Ve 1.8293 Ea 1.5848 Ma 1.1011

MOIDs: Ju 0.8566 Sa 1.5489 Ur 9.6829 Ne 20.9672

Elements written: 31 Mar 2017 0:24:54 (JD 2457843.517292)

Full range of obs: 2014 Jan. 1-Feb. 18 (49 observations)

Find_Orb ver: Jan 17 2017 13:36:17

Perturbers: 00000000 (unperturbed orbit); not using JPL DE

Tisserand relative to Jupiter: 2.44811

Score: 0.657069

Comet 293P – Spacewatch *

Orbital elements: P/293

Perihelion 2014 Feb 10.902995 +/- 80 TT = 21:40:18 (JD 2456699.402995)
Epoch 2014 Jan 3.0 TT = JDT 2456660.5
Earth MOID: 0.7088

M 348.93596 +/- 22
n 0.28440058 +/- 0.269   Peri. 58.87638 +/- 70
a 2.29007156 +/- 1.44   Node 74.54300 +/- 55
e 0.2659071 +/- 0.234   Incl. 7.09546 +/- 8
P 3.47   U 11.9 SR
q 1.68112506 +/- 0.964   Q 2.89901807 +/- 34.9

*From 5 observations 2014 Jan. 3 (10.8 min); mean residual 0".17 Arkansas Sky Observatories H45

State vector (heliocentric equatorial J2000):

-0.678564968122 +1.373869602768 +0.740607595950 AU

-12.987988529120 -6.889851829559 -1.539460395595 mAU/day

MOIDs: Me 1.3446 Ve 0.9647 Ea 0.7088 Ma 0.1117

MOIDs: Ju 2.1895 Sa 6.9265 Ur 16.4744 Ne 27.1615

Elements written: 31 Mar 2017 0:26:09 (JD 2457843.518160)

Full range of obs: 2014 Jan. 3 (10.8 min) (5 observations)

Find_Orb ver: Jan 17 2017 13:36:17

Perturbers: 00000001 ; not using JPL DE

Score: -0.531021

Comet 315P - LONEOS

Orbital elements: P/315

Perihelion 2016 Dec 6.851438 +/- 1.61 TT = 20:26:04 (JD 2457729.351438)
Epoch 2017 Mar 28.0 TT = JDT 2457840.5 Ju: 0.3754

M 9.75276 +/- 0.12
n 0.08774530 +/- 0.000344   Peri. 67.18112 +/- 0.6
a 5.01556813 +/- 0.0131   Node 69.55921 +/- 0.13
e 0.5174997 +/- 0.00175   Incl. 17.91290 +/- 0.016
P 11.23   M(N) 10.8   K 10.0   U 7.4
q 2.42001278 +/- 0.00573   Q 7.61112349 +/- 0.0273

From 16 observations 2017 Mar. 20-28; mean residual 0".15
Arkansas Sky Observatories H45

State vector (heliocentric equatorial J2000):

-2.428032210133 +0.016646696388 +0.852376086658 AU

-4.568273302809 -11.241292050415 -4.873091602832 mAU/day

MOIDs: Me 2.0894 Ve 1.7295 Ea 1.4992 Ma 0.9130

MOIDs: Ju 0.3754 Sa 3.2650 Ur 12.6853 Ne 22.8574

Elements written: 31 Mar 2017 0:28:43 (JD 2457843.519942)

Full range of obs: 2017 Mar. 20-28 (16 observations)

Find_Orb ver: Jan 17 2017 13:36:17

Perturbers: 00000000 (unperturbed orbit); not using JPL DE

Tisserand relative to Jupiter: 2.63619

Score: 0.339295

Comet 315P LONEOS from a recent image at Arkansas Sky Observatories
This comet suddenly brightened and at the time of this image, had developed a very pronounced fanned tail to the west-soutwest of the strong nucleus

Comet 318P – McNaught-Hartley *

Orbital elements: P/318

Perihelion 2016 Jan 27.532849 +/- 87.4 TT = 12:47:18 (JD 2457415.032849)
Epoch 2016 Jan 29.0 TT = JDT 2457416.5
Earth MOID: 0.0224   Ju: 0.9117

M   0.35344 +/- 56   Ma: 0.0533   Find_Orb
n   0.24090332 +/- 0.396   Peri. 335.87368 +/- 70
a   2.55804113 +/- 2.8   Node 135.62329 +/- 60
e   0.6635655 +/- 0.223   Incl.   3.27283 +/- 14
P   4.09   M(N) 21.3   K 10.0   U 12.1 SR
q 0.86061315 +/- 0.456   Q 4.25546911 +/- 2

***From 5 observations 2016 Jan. 29 (9.4 min); mean residual 0".63
Arkansas Sky Observatories H45**

State vector (heliocentric equatorial J2000):

-0.348223386915 +0.729423497427 +0.296357752946 AU

-22.001816106121 -9.014450192657 -2.535807895888 mAU/day

MOIDs: Me 0.5467 Ve 0.1488 Ea 0.0224 Ma 0.0533

MOIDs: Ju 0.9117 Sa 5.7648 Ur 15.3240 Ne 25.9111

Elements written: 31 Mar 2017 0:30:29 (JD 2457843.521169)

Full range of obs: 2016 Jan. 29 (9.4 min) (5 observations)

Find_Orb ver: Jan 17 2017 13:36:17

Perturbers: 00000001 ; not using JPL DE

Tisserand relative to Earth: 2.78008

Tisserand relative to Jupiter: 3.08148

Earth encounter velocity 14.0686 km/s

Barbee-style encounter velocity: 11.5186 km/s

Score: 0.002202

Comet P/2002 VP94 LINEAR (247P) *

Orbital elements: P/2002 VQ94 / 247P

Perihelion 2011 Feb 20.316641 +/- 42.4 TT = 7:35:57 (JD 2455612.816641)
Epoch 2011 Jan 3.0 TT = JDT 2455564.5
Earth MOID: 0.0252

M 345.95583 +/- 16
n 0.29066935 +/- 0.261   Peri. 181.11862 +/- 110
a 2.25702595 +/- 1.35   Node 332.05648 +/- 51
e 0.5506366 +/- 0.25   Incl. 6.30422 +/- 5.5
P 3.39   U 11.8 SR
q 1.01422464 +/- 0.305   Q 3.49982727 +/- 65.8

*From 6 observations 2011 Jan. 3 (17.0 min); mean residual 0".03
Arkansas Sky Observatories H45

State vector (heliocentric equatorial J2000):

-0.223274008570 +1.016119974427 +0.550401209349 AU

-16.836473451275 -7.759725327015 -5.295638057453 mAU/day

MOIDs: Me 0.6593 Ve 0.2995 Ea 0.0252 Ma 0.1502

MOIDs: Ju 1.5109 Sa 6.2456 Ur 16.5353 Ne 26.4805

Elements written: 31 Mar 2017 21:33:19 (JD 2457844.398137)

Full range of obs: 2011 Jan. 3 (17.0 min) (6 observations)

Find_Orb ver: Jan 17 2017 13:36:17

Perturbers: 00000001 ; not using JPL DE

Tisserand relative to Earth: 2.93604

Earth encounter velocity 7.5873 km/s

Barbee-style encounter velocity: 7.6625 km/s

Score: -0.562737

Comet P/2004 F3 (246P)

Orbital elements: P/2004 F3 / 246P

Perihelion 2011 Mar 29.057730 +/- 446 TT = 1:23:07 (JD 2455649.557730)
Epoch 2011 Jan 29.0 TT = JDT 2455590.5
Earth MOID: 0.4957   Ma: 0.0271

```
M 342.16607 +/- 56                    Find_Orb
n  0.30197436 +/- 0.106      Peri.  139.29863 +/- 80
a  2.20033767 +/- 0.513      Node    27.56374 +/- 28
e  0.3266554 +/- 0.158       Incl.    6.51110 +/- 5.7
P  3.26      M(N) 18.7   K 10.0   U 11.3  SR
q 1.48158547 +/- 0.721   Q 2.91908988 +/- 2.28
```

**From 12 observations 2011 Jan. 28-29 (23.5 hr); mean residual 0".41
Arkansas Sky Observatories H45**

State vector (heliocentric equatorial J2000):

-1.012926360406 +1.002277529143 +0.621518773771 AU

-10.205671944143 -10.653243913848 -5.343547587458 mAU/day

MOIDs: Me 1.1034 Ve 0.7624 Ea 0.4957 Ma 0.0271

MOIDs: Ju 2.0628 Sa 6.6305 Ur 16.8054 Ne 26.9982

Elements written: 31 Mar 2017 21:35:02 (JD 2457844.399329)

Full range of obs: 2011 Jan. 28-29 (23.5 hr) (12 observations)

Find_Orb ver: Jan 17 2017 13:36:17

Perturbers: 00000001 ; not using JPL DE

Score: -0.277841

Comet P/2008 O2 – McNaught *

Orbital elements: P/2008 O2

Perihelion 2009 Jul 26.467597 +/- 319 TT = 11:13:20 (JD 2455038.967597)
Epoch 2009 Oct 19.0 TT = JDT 2455123.5
Earth MOID: 0.5931

M 24.82489 +/- 60
n 0.29367307 +/- 0.165   Peri.   5.79347 +/- 90
a 2.24160952 +/- 0.842   Node 331.41910 +/- 34
e 0.2849331 +/- 0.158   Incl.   5.60382 +/- 4.9
P 3.36   U 11.6 SR
q 1.60290066 +/- 0.578   Q 2.88031839 +/- 1.23

*From 6 observations 2009 Oct. 19 (16.4 min); mean residual 0".68
Arkansas Sky Observatories H45

\# State vector (heliocentric equatorial J2000):

\# +1.587319306140 +0.524656656167 +0.367613786624 AU

\# -3.135907056062 +12.634278928229 +6.654363232267 mAU/day

\# MOIDs: Me 1.2118 Ve 0.8781 Ea 0.5931 Ma 0.2279

\# MOIDs: Ju 2.5038 Sa 6.3447 Ur 15.4220 Ne 27.2573

\# Elements written: 31 Mar 2017 21:37:40 (JD 2457844.401157)

\# Full range of obs: 2009 Oct. 19 (16.4 min) (6 observations)

\# Find_Orb ver: Jan 17 2017 13:36:17

\# Perturbers: 00000001 ; not using JPL DE

\# Score: -0.081392

Comet P/2008 Y2 Gibbs (335P)

Orbital elements: P/2008 Y2 / 335P

Perihelion 2009 Jan 22.399555 +/- 0.00174 TT = 9:35:21 (JD 2454853.899555)
Epoch 2009 Apr 15.0 TT = JDT 2454936.5
Earth MOID: 0.6545   Ju: 0.1654

```
M  11.96427 +/- 0.0006        Ma: 0.0164        Find_Orb
n  0.14484511 +/- 7.66e-6     Peri. 162.33715 +/- 0.0010
a  3.59087379 +/- 0.000127    Node  330.89351 +/- 0.00007
e  0.5436997 +/- 1.25e-5      Incl.   7.27586 +/- 0.00013
P  6.80      M(N) 16.6   K 10.0   U 4.8
q 1.63851677 +/- 1.37e-5   Q 5.54323080 +/- 0.00024
```

**From 74 observations 2009 Jan. 9-Apr. 15; mean residual 0".30
Arkansas Sky Observatories H41/ H45**

\# State vector (heliocentric equatorial J2000):

\#   -1.820780283149 +0.105140701331 -0.069289164416 AU

\#   -4.598724663247 -12.747770887174 -7.629137080207 mAU/day

\# MOIDs: Me 1.3056 Ve 0.9202 Ea 0.6545 Ma 0.0164

\# MOIDs: Ju 0.1654 Sa 4.3608 Ur 14.3245 Ne 24.5286

\# Elements written: 31 Mar 2017 21:39:25 (JD 2457844.402373)

\# Full range of obs: 2009 Jan. 9-Apr. 15 (74 observations)

\# Find_Orb ver: Jan 17 2017 13:36:17

\# Perturbers: 00000000 (unperturbed orbit); not using JPL DE

\# Tisserand relative to Jupiter: 2.83224

\# Score: 0.510848

Comet P/2009 L2 Yang-Gao (325P)

Orbital elements: P/2009 L2 / 325P

Perihelion 2009 May 21.758365 +/- 0.000363 TT = 18:12:02 (JD 2454973.258365)
Epoch 2009 Aug 27.0 TT = JDT 2455070.5
Earth MOID: 0.2872   Ju: 0.0903

```
M  15.16890 +/- 0.0006                    Find_Orb
n  0.15599182 +/- 6.91e-6      Peri. 346.95816 +/- 0.00043
a  3.41770698 +/- 0.000101     Node  259.30416 +/- 0.00007
e  0.6207681 +/- 1.07e-5       Incl.  16.15620 +/- 0.00014
P  6.32      M(N) 16.1   K 10.0    U 4.8
q 1.29610331 +/- 3.42e-6   Q 5.53931066 +/- 0.0002
```

From 92 observations 2009 June 17-Aug. 27; mean residual 0".30
Arkansas Sky Observatories H41 / H45

State vector (heliocentric equatorial J2000):

+1.135868781778 -1.264805943734 -0.125018597184 AU

+14.698890120087 +3.426826056351 +5.728516309812 mAU/day

MOIDs: Me 0.8311 Ve 0.5737 Ea 0.2872 Ma 0.1542

MOIDs: Ju 0.0903 Sa 3.5730 Ur 13.7966 Ne 24.3173

Elements written: 31 Mar 2017 21:42:12 (JD 2457844.404306)

Full range of obs: 2009 June 17-Aug. 27 (92 observations)

Find_Orb ver: Jan 17 2017 13:36:17

Perturbers: 00000000 (unperturbed orbit); not using JPL DE

Tisserand relative to Earth: 3.07686

Tisserand relative to Jupiter: 2.74305

Barbee-style encounter velocity: 9.5565 km/s

Score: 0.345957

Comet 325P in a very star-crowded Milky Way. Photo from Arkansas Sky Observatories

Comet P/2009 Q1 Hill *

Orbital elements: P/2009 Q1

Perihelion 2009 Aug 31.464926 TT = 11:09:29 (JD 2455074.964926)
Epoch 2009 Aug 31.0 TT = JDT 2455074.5 Earth MOID: 0.6114

M 359.86680
n 0.28648940   Peri. 162.75200
a 2.27892661   Node   180.67539
e 0.2895019   Incl.   3.52783
P 3.44   M(N) 17.8   K 10.0   q 1.61917285   Q 2.93868037

***From 6 observations 2009 Aug. 31 (40.8 min); mean residual 0".80
Arkansas Sky Observatories H45**

State vector (heliocentric equatorial J2000):

+1.549852568335 -0.441071557014 -0.158571920262 AU

+4.429250338056 +13.818650890554 +5.008890505269 mAU/day

MOIDs: Me 1.2401 Ve 0.8956 Ea 0.6114 Ma 0.2436

MOIDs: Ju 2.4724 Sa 6.3345 Ur 15.3535 Ne 27.2299

Elements written: 31 Mar 2017 21:43:44 (JD 2457844.405370)

Full range of obs: 2009 Aug. 31 (40.8 min) (6 observations)

Find_Orb ver: Jan 17 2017 13:36:17

Perturbers: 00000408 (Sun/Earth/Moon); not using JPL DE

Score: 0.051002

Comet P/2009 Q4 - Boattini

Orbital elements: P/2009 Q4

Perihelion 2009 Nov 19.922758 +/- 8.55e-5 TT = 22:08:46 (JD 2455155.422758)
Epoch 2010 Mar 19.0 TT = JDT 2455274.5
Earth MOID: 0.3610   Ju: 0.5983

```
M  21.10369 +/- 0.00037        Ma: 0.0696           Find_Orb
n  0.17722693 +/- 3.24e-6      Peri.  320.01101 +/- 0.00007
a  3.13893921 +/- 3.82e-5      Node   127.67226 +/- 0.000049
e  0.5792060 +/- 4.71e-6       Incl.  10.96892 +/- 0.000042
P  5.56        M(N) 16.2    K 10.0    U  4.3
q  1.32084665 +/- 1.63e-6   Q 4.95703177 +/- 7.51e-5
```

**From 80 observations 2009 Oct. 24-2010 Mar. 19; mean residual 0".23
Arkansas Sky Observatories H45**

State vector (heliocentric equatorial J2000):

-1.751465809925 +0.388621974743 +0.395028424680 AU

-9.929653027295 -11.229505417355 -1.786389740436 mAU/day

MOIDs: Me 1.0204 Ve 0.6149 Ea 0.3610 Ma 0.0696

MOIDs: Ju 0.5983 Sa 5.1462 Ur 14.3092 Ne 25.3249

Elements written: 31 Mar 2017 21:46:27 (JD 2457844.407257)

Full range of obs: 2009 Oct. 24-2010 Mar. 19 (80 observations)

Find_Orb ver: Jan 17 2017 13:36:17

Perturbers: 00000020 ; not using JPL DE

Tisserand relative to Earth: 3.15433

Tisserand relative to Jupiter: 2.90083

Score: -0.178077

Comet P/2009 U6 – LINEAR (230P)

Orbital elements: P/2009 U6 / 230P

Perihelion 2009 Aug 8.866459 +/- 0.0404 TT = 20:47:42 (JD 2455052.366459)
Epoch 2009 Dec 28.0 TT = JDT 2455193.5
Earth MOID: 0.5476   Ju: 0.7261

```
M  22.16168 +/- 0.040                     Find_Orb
n   0.15702637 +/- 0.000243      Peri.  308.75203 +/- 0.023
a   3.40267902 +/- 0.00351       Node   112.51239 +/- 0.0039
e   0.5632410 +/- 0.000401       Incl.   14.64351 +/- 0.0014
P   6.28         M(N) 15.2    K 10.0    U 7.2
q 1.48615037 +/- 0.000212   Q 5.31920766 +/- 0.00686
```

From 32 observations 2009 Nov. 25-Dec. 28; mean residual 0".32
Arkansas Sky Observatories H45

State vector (heliocentric equatorial J2000):

-1.480481575662 +1.194597572187 +0.755154441030 AU

-12.788083158313 -6.084174496917 +1.279782378153 mAU/day

MOIDs: Me 1.1862 Ve 0.7872 Ea 0.5476 Ma 0.1013

MOIDs: Ju 0.7261 Sa 4.8060 Ur 13.6526 Ne 25.0840

Elements written: 31 Mar 2017 21:49:53 (JD 2457844.409641)

Full range of obs: 2009 Nov. 25-Dec. 28 (32 observations)

Find_Orb ver: Jan 17 2017 13:36:17

Perturbers: 00000000 (unperturbed orbit); not using JPL DE

Tisserand relative to Jupiter: 2.82216

Score: 0.301928

Comet P/2010 A3 - Hill

Orbital elements: P/2010 A3

Perihelion 2010 Apr 10.107983 TT = 2:35:29 (JD 2455296.607983)
Epoch 2010 Apr 12.0 TT = JDT 2455298.5
Earth MOID: 0.5697   Ma: 0.0766

M   0.43382
n   0.22928981   Peri. 44.79792
a   2.64370427   Node   67.93103
e   0.4266124   Incl. 15.16240
P   4.30   M(N) 13.8   K 10.0
q 1.51586716 Q 3.77154139

16 of 21 observations 2010 Apr. 8-12; mean residual 0".19
Arkansas Sky Observatories H45

State vector (heliocentric equatorial J2000):

-0.579545284371 +1.144866112501 +0.807192801194 AU

-14.919143113091 -7.474979929696 +0.085592133574 mAU/day

MOIDs: Me 1.1990 Ve 0.8116 Ea 0.5697 Ma 0.0766

MOIDs: Ju 1.5968 Sa 6.3513 Ur 15.7352 Ne 26.4760

Elements written: 31 Mar 2017 21:51:20 (JD 2457844.410648)

Full range of obs: 2010 Apr. 8-12 (21 observations)

Find_Orb ver: Jan 17 2017 13:36:17

Perturbers: 00000000 (unperturbed orbit); not using JPL DE

Tisserand relative to Jupiter: 3.21266

Score: -0.260451

Comet P/2010 A5 - LINEAR

Orbital elements: P/2010 A5

Perihelion 2010 Apr 19.316142 TT = 7:35:14 (JD 2455305.816142)
Epoch 2010 May 22.0 TT = JDT 2455338.5
Earth MOID: 0.7109   Ju: 0.0646

M   2.79698
n   0.08557683   Peri. 306.70683
a   5.09994204   Node 277.94121
e   0.6642989   Incl.   5.78445
P 11.52   M(N) 14.0   K 10.0
q 1.71205582 Q 8.48782826

**From 76 observations 2010 Jan. 25-May 22; mean residual 0".35
Arkansas Sky Observatories H45**

State vector (heliocentric equatorial J2000):

-0.789636368525 -1.386924989369 -0.711383284745 AU

+13.770722552419 -9.176055204792 -2.616718743401 mAU/day

MOIDs: Me 1.2625 Ve 0.9960 Ea 0.7109 Ma 0.2022

MOIDs: Ju 0.0646 Sa 1.2335 Ur 11.2425 Ne 21.3964

Elements written: 31 Mar 2017 21:53:44 (JD 2457844.412315)

Full range of obs: 2010 Jan. 25-May 22 (76 observations)

Find_Orb ver: Jan 17 2017 13:36:17

Perturbers: 00000020 ; not using JPL DE

Tisserand relative to Jupiter: 2.49274

Score: 0.279710

Comet P/2010 E2 - Jarnac

Orbital elements: P/2010 E2

Perihelion 2010 Apr 7.903619 +/- 0.0608 TT = 21:41:12 (JD 2455294.403619)
Epoch 2010 Apr 21.0 TT = JDT 2455307.5

M   0.50850 +/- 0.0022
n   0.03882753 +/- 2.56e-5   Peri.   8.28702 +/- 0.022
a   8.63726357 +/- 0.0038   Node   177.89929 +/- 0.00030
e   0.7222940 +/- 9.25e-5   Incl.   15.43583 +/- 0.0035
P   25.38   M(N) 14.5   K 10.0   U 5.7
q 2.39861925 +/- 0.000281   Q 14.8759078 +/- 0.00735

From 55 observations 2010 Mar. 16-Apr. 21; mean residual 0".36
Arkansas Sky Observatories H45

State vector (heliocentric equatorial J2000):

-2.359005569171 -0.449601673132 -0.040050730041 AU

+2.255187830953 -14.246082716970 -2.027756921494 mAU/day

MOIDs: Me 1.9992 Ve 1.6783 Ea 1.4022 Ma 0.7520

MOIDs: Ju 1.2853 Sa 1.4683 Ur 5.2061 Ne 14.9941

Elements written: 31 Mar 2017 21:55:20 (JD 2457844.413426)

Full range of obs: 2010 Mar. 16-Apr. 21 (55 observations)

Find_Orb ver: Jan 17 2017 13:36:17

Perturbers: 00000000 (unperturbed orbit); not using JPL DE

Tisserand relative to Jupiter: 2.32021

Score: 0.723507

Comet P/2010 E4 – LINEAR (234P) *

Orbital elements: P/2010 E4 / 234P

Perihelion 2010 Jan 22.170278 +/- 598 TT = 4:05:12 (JD 2455218.670278)
Epoch 2010 Mar 23.0 TT = JDT 2455278.5
Earth MOID: 0.5055   Ma: 0.0425

```
M  17.18005 +/- 60                       Find_Orb
n  0.28714911 +/- 0.205     Peri.   4.79583 +/- 90
a  2.27543481 +/- 1.08      Node  150.21781 +/- 52
e  0.3428815 +/- 0.195      Incl.   3.18872 +/- 18
P  3.43        M(N) 18.4   K 10.0    U 11.7  SR
q 1.49523008 +/- 1.12   Q 3.05563954 +/- 2.27
```

***From 7 observations 2010 Mar. 23 (14.2 min); mean residual 0".37
Arkansas Sky Observatories H45**

State vector (heliocentric equatorial J2000):

-1.542015379337 -0.300117991846 -0.067678310566 AU

+0.596380584449 -14.668219119224 -5.551802632504 mAU/day

MOIDs: Me 1.1354 Ve 0.7783 Ea 0.5055 Ma 0.0425

MOIDs: Ju 1.9437 Sa 6.6135 Ur 16.7630 Ne 26.9055

Elements written: 31 Mar 2017 21:56:46 (JD 2457844.414421)

Full range of obs: 2010 Mar. 23 (14.2 min) (7 observations)

Find_Orb ver: Jan 17 2017 13:36:17

Perturbers: 00000001 ; not using JPL DE

Score: -0.347267

Comet P/2010 F2 – LINEAR (235P) *

Orbital elements: P/2010 F2 / 235P

Perihelion 2010 Apr 20.367919 +/- 404 TT = 8:49:48 (JD 2455306.867919)
Epoch 2010 Mar 23.0 TT = JDT 2455278.5
Earth MOID: 0.5687   Ma: 0.0250

M 352.02454 +/- 52   Find_Orb
n 0.28114335 +/- 0.162   Peri. 332.39215 +/- 90
a 2.30772561 +/- 0.889   Node 223.98837 +/- 38
e 0.3200965 +/- 0.169   Incl.   3.26485 +/- 10
P 3.51   U 11.6 SR
q 1.56903062 +/- 0.755   Q 3.04642060 +/- 2.38

*From 7 observations 2010 Mar. 23 (35.0 min); mean residual 0".36 Arkansas Sky Observatories H45

State vector (heliocentric equatorial J2000):

-1.583116098114 +0.020100876640 -0.059413670556 AU

+1.094943946436 -14.593288284706 -5.581427988159 mAU/day

MOIDs: Me 1.1496 Ve 0.8516 Ea 0.5687 Ma 0.0250

MOIDs: Ju 1.9148 Sa 6.2717 Ur 16.6483 Ne 26.7951

Elements written: 31 Mar 2017 21:58:53 (JD 2457844.415891)

Full range of obs: 2010 Mar. 23 (35.0 min) (7 observations)

Find_Orb ver: Jan 17 2017 13:36:17

Perturbers: 00000001 ; not using JPL DE

Score: -0.375695

Comet P/2010 H2 - Vales

Orbital elements: P/2010 H2

Perihelion 2010 Mar 9.897364 +/- 0.299 TT = 21:32:12 (JD 2455265.397364)
Epoch 2010 Jun 7.0 TT = JDT 2455354.5   Ju: 0.6126

M 11.62172 +/- 0.039
n 0.13043080 +/- 1.1e-5   Peri. 130.22862 +/- 0.057
a 3.85078494 +/- 0.000217   Node   64.31066 +/- 0.0022
e 0.1929354 +/- 2.31e-5   Incl.   14.25231 +/- 0.0008
P 7.56   M(N) 9.2   K 10.0   U 5.2
q 3.10783196 +/- 0.000101   Q 4.59373792 +/- 0.000342

From 38 observations 2010 Apr. 20-June 7; mean residual 0".20
Arkansas Sky Observatories H45

State vector (heliocentric equatorial J2000):

-2.609987996346 -1.705157501312 -0.289694482049 AU

+4.921428717804 -7.530971080410 -5.588987120754 mAU/day

MOIDs: Me 2.6952 Ve 2.3950 Ea 2.1298 Ma 1.5280

MOIDs: Ju 0.6126 Sa 4.7266 Ur 15.1480 Ne 25.2921

Elements written: 31 Mar 2017 22:00:26 (JD 2457844.416968)

Full range of obs: 2010 Apr. 20-June 7 (38 observations)

Find_Orb ver: Jan 17 2017 13:36:17

Perturbers: 00000000 (unperturbed orbit); not using JPL DE

Tisserand relative to Jupiter: 2.98748

Score: 0.149182

Comet P/2010 R2 – La Sagra (324P) *

Orbital elements: P/2010 R2 / 324P

Perihelion 2011 Jul 12.603667 +/- 161 TT = 14:29:16 (JD 2455755.103667)
Epoch 2010 Oct 31.0 TT = JDT 2455500.5

M 285.59424 +/- 90
n 0.29224147 +/- 0.37   Peri. 154.91018 +/- 80
a 2.24892416 +/- 1.9   Node 289.43513 +/- 48
e 0.0338440 +/- 0.235   Incl. 20.14645 +/- 15
P 3.37   M(N) 14.4   K 10.0   U 12.1   SR
q 2.17281142 +/- 1.13   Q 2.32503690 +/- 8.4

***From 6 observations 2010 Oct. 31 (24.4 min); mean residual 0".28
Arkansas Sky Observatories H45**

State vector (heliocentric equatorial J2000):

+2.092706646343 -0.118262415766 +0.763831110770 AU

-1.750630060604 +10.149115603992 +5.257204883347 mAU/day

MOIDs: Me 1.8613 Ve 1.4568 Ea 1.1946 Ma 0.5680

MOIDs: Ju 2.8258 Sa 6.8559 Ur 16.1737 Ne 27.7319

Elements written: 31 Mar 2017 22:06:49 (JD 2457844.421400)

Full range of obs: 2010 Oct. 31 (24.4 min) (6 observations)

Find_Orb ver: Jan 17 2017 13:36:17

Perturbers: 00000001 ; not using JPL DE

Score: -0.214598

Comet P/2010 U2 - Hill

Orbital elements: P/2010 U2

Perihelion 2010 Aug 27.647646 +/- 475 TT = 15:32:36 (JD 2455436.147646)
Epoch 2010 Nov 12.0 TT = JDT 2455512.5
Earth MOID: 0.6654

M 18.59739 +/- 26
n 0.24357330 +/- 0.128   Peri.   7.91365 +/- 60
a 2.53931308 +/- 0.89   Node 357.02795 +/- 18
e 0.3433867 +/- 0.245   Incl. 11.83070 +/- 27
P 4.05   M(N) 16.3   K 10.0   U 11.4 SR
q 1.66734667 +/- 1.63   Q 3.41127949 +/- 82.8

**From 12 observations 2010 Nov. 11-12 (24.6 hr); mean residual 0".27
Arkansas Sky Observatories H45**

State vector (heliocentric equatorial J2000):

+1.272828591705 +0.993826204687 +0.719054798858 AU

-8.319343585508 +10.020351779021 +6.974569456287 mAU/day

MOIDs: Me 1.3149 Ve 0.9451 Ea 0.6654 Ma 0.2819

MOIDs: Ju 2.0461 Sa 6.0489 Ur 14.8931 Ne 26.8468

Elements written: 31 Mar 2017 17:40:23 (JD 2457844.236377)

Full range of obs: 2010 Nov. 11-12 (24.6 hr) (12 observations)

Find_Orb ver: Jan 17 2017 13:36:17

Perturbers: 00000001 ; not using JPL DE

Score: -0.392134

Comet P/2010 WK - LINEAR

Orbital elements: P/2010 WK

Perihelion 2010 Oct 19.769422 +/- 0.00882 TT = 18:27:58 (JD 2455489.269422)
Epoch 2011 Mar 23.0 TT = JDT 2455643.5
Earth MOID: 0.7928   Ju: 0.0377

```
M  11.07599 +/- 0.0042                         Find_Orb
n  0.07181451 +/- 2.39e-5      Peri.  40.86615 +/- 0.009
a  5.73228666 +/- 0.00127      Node   11.48316 +/- 0.0035
e  0.6920332 +/- 5.05e-5       Incl.  11.47943 +/- 0.00023
P  13.72       M(N) 13.1   K 10.0   U 5.6
q  1.76535356 +/- 0.00011    Q 9.69921976 +/- 0.00244
```

From 30 observations 2011 Jan. 3-Mar. 23; mean residual 0".39
Arkansas Sky Observatories H45

State vector (heliocentric equatorial J2000):

-1.198022243155 +1.659466103035 +1.206624760755 AU

-14.018939795223 -0.969176153406 +0.005117759573 mAU/day

MOIDs: Me 1.4553 Ve 1.0572 Ea 0.7928 Ma 0.3559

MOIDs: Ju 0.0377 Sa 1.4378 Ur 9.1740 Ne 20.8075

Elements written: 31 Mar 2017 22:08:10 (JD 2457844.422338)

Full range of obs: 2011 Jan. 3-Mar. 23 (30 observations)

Find_Orb ver: Jan 17 2017 13:36:17

Perturbers: 00000000 (unperturbed orbit); not using JPL DE

Tisserand relative to Jupiter: 2.39275

Score: 0.733233

Comet P/2011 A1 – Larson (250P) *

Orbital elements: P/2011 A1 / 250P

Perihelion 2011 Mar 16.587775 +/- 522 TT = 14:06:23 (JD 2455637.087775)
Epoch 2011 Mar 2.0 TT = JDT 2455622.5
Earth MOID: 0.7159

```
M 356.36930 +/- 60
n  0.24888606 +/- 0.155      Peri.  90.20767 +/- 100
a  2.50304697 +/- 1.04       Node   74.31796 +/- 51
e  0.3306334 +/- 0.245       Incl.   9.50388 +/- 38
P  3.96          U 11.5 SR
q 1.67545590 +/- 0.803   Q 3.33063804 +/- 12.2
```

***From 6 observations 2011 Mar. 2 (17.9 min); mean residual 0".23
Arkansas Sky Observatories H45**

\# State vector (heliocentric equatorial J2000):

\# -1.522397931548 +0.489669801749 +0.511950534100 AU

\# -5.518859974095 -13.192048735578 -5.453871456943 mAU/day

\# MOIDs: Me 1.3029 Ve 0.9634 Ea 0.7159 Ma 0.2049

\# MOIDs: Ju 1.7496 Sa 6.2837 Ur 16.6263 Ne 26.6326

\# Elements written: 31 Mar 2017 22:09:46 (JD 2457844.423449)

\# Full range of obs: 2011 Mar. 2 (17.9 min) (6 observations)

\# Find_Orb ver: Jan 17 2017 13:36:17

\# Perturbers: 00000001 ; not using JPL DE

\# Score: -0.335463

Comet P/2012 B1 - PANSTARRS

Orbital elements: P/2012 B1

Perihelion 2013 Jul 23.074288 +/- 0.0185 TT = 1:46:58 (JD 2456496.574288)
Epoch 2013 Apr 29.0 TT = JDT 2456411.5   Ju: 0.6265   Sa: 0.2083

M 354.92964 +/- 0.0010   Find_Orb
n 0.05959910 +/- 1.88e-6   Peri. 162.17036 +/- 0.0036
a 6.49096899 +/- 0.000137   Node   36.19629 +/- 0.00032
e 0.4106727 +/- 2.18e-5   Incl.   7.62747 +/- 0.000039
P 16.54   M(N) 7.9   K 10.0   U 3.9
q 3.82530489 +/- 7.56e-5   Q 9.15663308 +/- 0.000327

From 61 observations 2012 Feb. 26-2013 Apr. 29; mean residual 0".16
Arkansas Sky Observatories H45

State vector (heliocentric equatorial J2000):

-3.829341347034 -0.434009043077 +0.099681675716 AU

+1.571394878216 -8.866737004819 -5.180618588080 mAU/day

MOIDs: Me 3.4079 Ve 3.1040 Ea 2.8249 Ma 2.1996

MOIDs: Ju 0.6265 Sa 0.2083 Ur 10.8128 Ne 20.6801

Elements written: 31 Mar 2017 22:11:20 (JD 2457844.424537)

Full range of obs: 2012 Feb. 26-2013 Apr. 29 (61 observations)

Find_Orb ver: Jan 17 2017 13:36:17

Perturbers: 00000060 ; not using JPL DE

Tisserand relative to Jupiter: 2.82035

Score: 0.365820

Comet P/2012 NJ – La Sagra

Orbital elements: P/2012 NJ

Perihelion 2012 Jun 13.091330 +/- 0.00136 TT = 2:11:30 (JD 2456091.591330)
Epoch 2012 Sep 12.0 TT = JDT 2456182.5
Earth MOID: 0.3153   Ma: 0.0605

```
M   3.61255 +/- 0.0017                    Find_Orb
n   0.03973832 +/- 1.88e-5      Peri. 338.41484 +/- 0.0011
a   8.50477821 +/- 0.00267      Node  315.76340 +/- 0.00029
e   0.8480973 +/- 4.68e-5       Incl.  84.37594 +/- 0.0006
P  24.80            U  5.4
q 1.29189799 +/- 8.42e-6    Q 15.7176584 +/- 0.00533
```

**From 178 observations 2012 July 19-Sept. 12; mean residual 0".16
Arkansas Sky Observatories H45**

State vector (heliocentric equatorial J2000):

+0.993073570192 -1.223861771169 +0.820198449602 AU

-1.958986945691 -2.770448167908 +16.934919311891 mAU/day

MOIDs: Me 0.8840 Ve 0.5869 Ea 0.3153 Ma 0.0605

MOIDs: Ju 2.4160 Sa 1.2162 Ur 5.0233 Ne 15.8900

Elements written: 31 Mar 2017 22:12:54 (JD 2457844.425625)

Full range of obs: 2012 July 19-Sept. 12 (178 observations)

Find_Orb ver: Jan 17 2017 13:36:17

Perturbers: 00000000 (unperturbed orbit); not using JPL DE

Tisserand relative to Earth: 0.42044

Tisserand relative to Jupiter: 0.74458

Barbee-style encounter velocity: 43.5676 km/s

Score: 0.581104

Comet P/2012 S2 – La Sagra

Orbital elements: P/2012 S2

Perihelion 2012 Aug 18.890201 TT = 21:21:53 (JD 2456158.390201)
Epoch 2012 Dec 18.0 TT = JDT 2456279.5
Earth MOID: 0.3908   Ju: 0.0865

M 12.80132   Ma: 0.0507   Find_Orb
n 0.10570014   Peri. 312.07910
a 4.43015560   Node   52.59993
e 0.6905023   Incl.   8.57978
P 9.32   q 1.37112288 Q 7.48918832

From 37 observations 2012 Nov. 20-Dec. 18; mean residual 0".15 Arkansas Sky Observatories H45

State vector (heliocentric equatorial J2000):

+0.371275863365 +1.708685243910 +0.884005083565 AU

-11.603003927311 +8.052420452709 +5.982524716458 mAU/day

MOIDs: Me 1.0178 Ve 0.6472 Ea 0.3908 Ma 0.0507

MOIDs: Ju 0.0865 Sa 2.1259 Ur 10.8828 Ne 22.8138

Elements written: 31 Mar 2017 22:14:23 (JD 2457844.426655)

Full range of obs: 2012 Nov. 20-Dec. 18 (37 observations)

Find_Orb ver: Jan 17 2017 13:36:17

Perturbers: 00000000 (unperturbed orbit); not using JPL DE

Tisserand relative to Earth: 3.23657

Tisserand relative to Jupiter: 2.49444

Score: 0.493332

Comet P/2012 US27 – Siding Spring

Orbital elements: P/2012 US27

Perihelion 2013 Feb 8.566696 +/- 0.00975 TT = 13:36:02 (JD 2456332.066696)
Epoch 2013 Mar 3.0 TT = JDT 2456354.5
Earth MOID: 0.8310

M   1.87647 +/- 0.0024
n   0.08364702 +/- 0.000145   Peri.   1.27462 +/- 0.0050
a   5.17808348 +/- 0.00596   Node   49.20834 +/- 0.0022
e   0.6483745 +/- 0.000379   Incl. 39.29234 +/- 0.00031
P 11.78   U 6.8
q 1.82074594 +/- 0.000131   Q 8.53542102 +/- 0.0117

From 84 observations 2013 Jan. 14-Mar. 3; mean residual 0".25
Arkansas Sky Observatories H45

\# State vector (heliocentric equatorial J2000):

\# +0.931669728919 +1.329234675527 +0.856250317333 AU

\# -10.972725098322 +1.793527829560 +11.904482485258 mAU/day

\# MOIDs: Me 1.5070 Ve 1.0987 Ea 0.8310 Ma 0.3477

\# MOIDs: Ju 2.1963 Sa 1.3885 Ur 10.1508 Ne 21.7999

\# Elements written: 31 Mar 2017 22:16:00 (JD 2457844.427778)

\# Full range of obs: 2013 Jan. 14-Mar. 3 (84 observations)

\# Find_Orb ver: Jan 17 2017 13:36:17

\# Perturbers: 00000000 (unperturbed orbit); not using JPL DE

\# Tisserand relative to Jupiter: 2.18042

\# Score: 0.605578

Comet P/2012 WX32 – Tombaugh-Tenagra (274P)

Orbital elements: P/2012 WX32 / 274P

Perihelion 2013 Feb 23.330578 +/- 0.602 TT = 7:56:01 (JD 2456346.830578)
Epoch 2012 Dec 18.0 TT = JDT 2456279.5   Ju: 0.0041

M 352.72764 +/- 0.06
n 0.10800965 +/- 0.000122   Peri. 38.43776 +/- 0.17
a 4.36677694 +/- 0.00328   Node   81.37378 +/- 0.014
e 0.4406220 +/- 0.000301   Incl. 15.84868 +/- 0.013
P 9.13   M(N) 12.7   K 10.0   U 6.7
q 2.44267874 +/- 0.000893   Q 6.29087514 +/- 0.00591

From 26 observations 2012 Dec. 5-18; mean residual 0".19
Arkansas Sky Observatories H45

State vector (heliocentric equatorial J2000):

-0.370565552181 +2.169282200196 +1.167789099997 AU

-12.110387516784 -4.545567891705 +1.569514307614 mAU/day

MOIDs: Me 2.1212 Ve 1.7324 Ea 1.4805 Ma 0.8570

MOIDs: Ju 0.0041 Sa 3.9229 Ur 13.4269 Ne 23.9712

Elements written: 31 Mar 2017 22:18:10 (JD 2457844.429282)

Full range of obs: 2012 Dec. 5-18 (26 observations)

Find_Orb ver: Jan 17 2017 13:36:17

Perturbers: 00000000 (unperturbed orbit); not using JPL DE

Tisserand relative to Jupiter: 2.77379

Score: 0.407785

Comet P/2013 J2 - McNaught

Orbital elements: P/2013 J2

Perihelion 2013 Aug 22.993742 +/- 0.00313 TT = 23:50:59 (JD 2456527.493742)
Epoch 2014 Jan 29.0 TT = JDT 2456686.5   Ju: 0.5763   Sa: 0.6608

M 10.03779 +/- 0.0007   Find_Orb
n 0.06312829 +/- 3.88e-6   Peri. 37.88750 +/- 0.0013
a 6.24673892 +/- 0.000256   Node 289.39352 +/- 0.00021
e 0.6561647 +/- 1.21e-5   Incl. 15.49571 +/- 0.00006
P 15.61   M(N) 11.6   K 10.0   U 4.4
q 2.14784934 +/- 1.37e-5   Q 10.3456285 +/- 0.000499

**From 253 observations 2013 July 5-2014 Jan. 29; mean residual 0".40
Arkansas Sky Observatories H45**

State vector (heliocentric equatorial J2000):

+2.301367894417 +0.640337011344 +1.033798704551 AU

-0.515142142633 +11.823431354886 +6.319967117399 mAU/day

MOIDs: Me 1.7607 Ve 1.4443 Ea 1.1582 Ma 0.8188

MOIDs: Ju 0.5763 Sa 0.6608 Ur 8.3744 Ne 19.9822

Elements written: 31 Mar 2017 22:20:16 (JD 2457844.430741)

Full range of obs: 2013 July 5-2014 Jan. 29 (253 observations)

Find_Orb ver: Jan 17 2017 13:36:17

Perturbers: 00000000 (unperturbed orbit); not using JPL DE

Tisserand relative to Jupiter: 2.42651

Score: 0.724946

Comet P/2013 O2 – PANSTARRS *

Orbital elements: P/2013 O2

Perihelion 2013 Sep 1.094929 +/- 122 TT = 2:16:41 (JD 2456536.594929)
Epoch 2013 Nov 2.0 TT = JDT 2456598.5
Earth MOID: 0.2298   Ma: 0.0750

```
M  18.01095 +/- 17                    Find_Orb
n  0.29094473 +/- 0.195     Peri. 154.00775 +/- 60
a  2.25560153 +/- 1.01      Node  198.48547 +/- 43
e  0.4541172 +/- 0.157      Incl.   5.08800 +/- 14
P  3.39      M(N) 19.2   K 10.0   U 11.7 SR
q 1.23129401 +/- 0.997   Q 3.27990906 +/- 3.55
```

*From 6 observations 2013 Nov. 2 (14.8 min); mean residual 0".32
Arkansas Sky Observatories H45

State vector (heliocentric equatorial J2000):

+1.026222291385 +0.870198298771 +0.323526990766 AU

-7.847846382338 +14.593368369022 +4.681819924935 mAU/day

MOIDs: Me 0.8675 Ve 0.5125 Ea 0.2298 Ma 0.0750

MOIDs: Ju 2.1689 Sa 6.1159 Ur 15.0126 Ne 26.9440

Elements written: 31 Mar 2017 22:21:52 (JD 2457844.431852)

Full range of obs: 2013 Nov. 2 (14.8 min) (6 observations)

Find_Orb ver: Jan 17 2017 13:36:17

Perturbers: 00000001 ; not using JPL DE

Tisserand relative to Earth: 3.10895

Barbee-style encounter velocity: 3.7482 km/s

Score: -0.349475

Comet P/2013 R3 – Catalina-PANSTARRS *

Orbital elements: P/2013 R3

Perihelion 2013 Jul 12.228148 +/- 885 TT = 5:28:32 (JD 2456485.728148)
Epoch 2013 Nov 1.0 TT = JDT 2456597.5
Earth MOID: 0.7701

M 34.28600 +/- 60
n 0.30674991 +/- 0.212   Peri. 335.83093 +/- 100
a 2.17744109 +/- 1.01   Node   358.60820 +/- 18
e 0.1822610 +/- 0.24   Incl.   1.12712 +/- 30
P 3.21   U 11.7 SR
q 1.78057844 +/- 1.17   Q 2.57430373 +/- 7.25

***From 8 observations 2013 Nov. 1 (17.9 min); mean residual 0".25
Arkansas Sky Observatories H45**

State vector (heliocentric equatorial J2000):

+1.728868324528 +0.668193241276 +0.306352600449 AU

-3.706694697392 +11.696978854220 +5.344973442131 mAU/day

MOIDs: Me 1.3826 Ve 1.0542 Ea 0.7701 Ma 0.4008

MOIDs: Ju 2.7766 Sa 6.5923 Ur 15.7267 Ne 27.5202

Elements written: 31 Mar 2017 22:23:16 (JD 2457844.432824)

Full range of obs: 2013 Nov. 1 (17.9 min) (8 observations)

Find_Orb ver: Jan 17 2017 13:36:17

Perturbers: 00000001 ; not using JPL DE

Score: -0.404339

Comet P/2013 TL117 - Lemmon

Orbital elements: P/2013 TL117

Perihelion 2014 Feb 18.215846 +/- 5.98e-5 TT = 5:10:49 (JD 2456706.715846)
Epoch 2014 Apr 20.0 TT = JDT 2456767.5
Earth MOID: 0.2016   Ju: 0.4729

M   8.75763 +/- 0.00048   Ma: 0.0720   Find_Orb
n   0.14407765 +/- 8.02e-6   Peri. 112.19769 +/- 0.00011
a   3.60361425 +/- 0.000134   Node   3.36106 +/- 0.00022
e   0.6898496 +/- 1.09e-5   Incl. 9.36561 +/- 0.000050
P   6.84   M(N) 19.0   K 10.0   U 4.9
q 1.11766236 +/- 2.1e-6   Q 6.08956615 +/- 0.000265

**From 156 observations 2013 Dec. 28-2014 Apr. 20; mean residual 0".48
Arkansas Sky Observatories H45**

State vector (heliocentric equatorial J2000):

-1.361918161707 +0.142155709742 +0.107031897232 AU

-9.409705144508 -13.609845606897 -8.660480718126 mAU/day

MOIDs: Me 0.7969 Ve 0.4113 Ea 0.2016 Ma 0.0720

MOIDs: Ju 0.4729 Sa 4.0751 Ur 13.6596 Ne 24.1525

Elements written: 31 Mar 2017 22:26:33 (JD 2457844.435104)

Full range of obs: 2013 Dec. 28-2014 Apr. 20 (156 observations)

Find_Orb ver: Jan 17 2017 13:36:17

Perturbers: 00000020 ; not using JPL DE

Tisserand relative to Earth: 2.98945

Tisserand relative to Jupiter: 2.63280

Barbee-style encounter velocity: 7.0822 km/s

Score: 0.760072

Comet P/2014 D2 – Catalina-PANSTARRS (299P) *

Orbital elements: P/2014 D2 / 299P

Perihelion 2014 Feb 27.184957 +/- 646 TT = 4:26:20 (JD 2456715.684957)
Epoch 2014 Mar 30.0 TT = JDT 2456746.5
Earth MOID: 0.7950

M   8.03583 +/- 60
n   0.26077639 +/- 0.165   Peri. 229.90424 +/- 110
a   2.42637096 +/- 1.02   Node 295.67381 +/- 33
e   0.2677815 +/- 0.255   Incl.   7.26187 +/- 47
P   3.78   U 11.6 SR
q 1.77663353 +/- 1.43   Q 3.07610840 +/- 5574

*From 6 observations 2014 Mar. 30 (12.1 min); mean residual 0".16 Arkansas Sky Observatories H45

State vector (heliocentric equatorial J2000):

-1.776814672917 +0.087443677244 -0.184081019504 AU

-0.723201475638 -12.871816651111 -6.538254956251 mAU/day

MOIDs: Me 1.4099 Ve 1.0717 Ea 0.7950 Ma 0.2128

MOIDs: Ju 1.9597 Sa 6.5204 Ur 16.5215 Ne 26.8700

Elements written: 31 Mar 2017 22:28:04 (JD 2457844.436157)

Full range of obs: 2014 Mar. 30 (12.1 min) (6 observations)

Find_Orb ver: Jan 17 2017 13:36:17

Perturbers: 00000001 ; not using JPL DE

Score: -0.462141

Comet P/2015 Q1 – Scotti *

Orbital elements: P/2015 Q1

Perihelion 2016 Jan 23.282363 +/- 61.5 TT = 6:46:36 (JD 2457410.782363)
Epoch 2015 Nov 9.0 TT = JDT 2457335.5
Earth MOID: 0.9272

M 341.18166 +/- 43
n 0.24997000 +/- 0.358   Peri. 271.30698 +/- 100
a 2.49580576 +/- 2.39   Node   195.75054 +/- 60
e 0.2867387 +/- 0.257   Incl. 20.67109 +/- 19
P 3.94   M(N) 14.4   K 10.0   U 12.1 SR
q 1.78016160 +/- 0.638   Q 3.21144993 +/- 23.1

***From 4 observations 2015 Nov. 9 (5.4 min); mean residual 0".07
Arkansas Sky Observatories H45**

State vector (heliocentric equatorial J2000):

+0.582185177527 +1.751349722679 +0.162713790994 AU

-13.852144467488 +2.760862196798 -1.167956336844 mAU/day

MOIDs: Me 1.5058 Ve 1.1473 Ea 0.9272 Ma 0.4945

MOIDs: Ju 2.3558 Sa 7.0370 Ur 16.0069 Ne 27.1551

Elements written: 31 Mar 2017 22:34:23 (JD 2457844.440544)

Full range of obs: 2015 Nov. 9 (5.4 min) (4 observations)

Find_Orb ver: Jan 17 2017 13:36:17

Perturbers: 00000001 ; not using JPL DE

Score: -0.319946

Comet P/2015 TP200 - LINEAR

Orbital elements: P/2015 TP200

Perihelion 2016 Oct 28.237971 +/- 0.119 TT = 5:42:40 (JD 2457689.737971)
Epoch 2017 Mar 20.0 TT = JDT 2457832.5   Ju: 0.0829

M   7.13870 +/- 0.0057
n   0.05000420 +/- 4.41e-6   Peri.   82.74348 +/- 0.025
a   7.29678748 +/- 0.000429   Node   6.97496 +/- 0.0023
e   0.5360485 +/- 3.42e-5   Incl.   8.77233 +/- 0.00010
P   19.71   M(N) 9.9   K 10.0   U 4.6
q 3.38535507 +/- 0.000151   Q 11.2082198 +/- 0.000871

**From 16 observations 2016 Dec. 21-2017 Mar. 20; mean residual 0".17
Arkansas Sky Observatories H45**

State vector (heliocentric equatorial J2000):

-1.593094700744 +2.643566432205 +1.696227713365 AU

-10.769180428020 -2.974095234867 -1.633496711729 mAU/day

MOIDs: Me 3.0773 Ve 2.6744 Ea 2.4175 Ma 1.8327

MOIDs: Ju 0.0829 Sa 1.3641 Ur 8.3301 Ne 19.3032

Elements written: 31 Mar 2017 22:32:32 (JD 2457844.439259)

Full range of obs: 2016 Dec. 21-2017 Mar. 20 (16 observations)

Find_Orb ver: Jan 17 2017 13:36:17

Perturbers: 00000000 (unperturbed orbit); not using JPL DE

Tisserand relative to Jupiter: 2.68909

Score: 0.440511

Periodic comet P/2015 TP200 from Arkansas Sky Observatories, March 20, 2017

UN-NUMBERED COMETS

Rendering via woodcut of the great comet of 1811; according to the inscription, this was
The scene at dawn of October 15, 1811 "….from Otterbourne Hill near Winchester."

Comet C/2005 L3 - McNaught

Orbital elements: C/2005 L3

Perihelion 2008 Jan 17.104752 +/- 0.00671 TT = 2:30:50 (JD 2454482.604752)
Epoch 2011 Jan 30.0 TT = JDT 2455591.5

q   5.59351699 +/- 5.16e-5
M(N) 4.0 K 10.0   Peri.   47.21326 +/- 0.0008
Node   288.79123 +/- 0.00021
e   1.0014115 +/- 3.23e-5   Incl. 139.43562 +/- 0.000051

From 187 observations 2008 May 30-2011 Jan. 30; mean residual 0".26 Arkansas Sky Observatories H41 / H45

State vector (heliocentric equatorial J2000):

-7.269132963324 +1.220681612780 +5.907153721399 AU

-2.860197056267 +6.658741814143 +3.195196364370 mAU/day

MOIDs: Me 5.1978 Ve 4.9594 Ea 4.7121 Ma 4.3211

MOIDs: Ju 1.2069 Sa 2.7073 Ur 3.6912 Ne 1.6412

Elements written: 31 Mar 2017 1:28:48 (JD 2457843.561667)

Full range of obs: 2008 May 30-2011 Jan. 30 (187 observations)

Find_Orb ver: Jan 17 2017 13:36:17

Perturbers: 00000060 ; not using JPL DE

Score: 0.759562

Comet C/2005 L3 – June 17, 2009 from Arkansas Sky Observatories – note the assymetrical shape of the small coma, with a concentration toward the south; north is up in this image and east is to left

Comet C/2005 S4 - McNaught

Orbital elements: C/2005 S4

Perihelion 2007 Jul 19.372239 TT = 8:56:01 (JD 2454300.872239)
Epoch 2009 Jun 21.0 TT = JDT 2455003.5

M   0.00345
n 0.00000492   Peri.   31.53891
a3422.58104   Node 318.29038
e 0.9982901   Incl. 107.95953
P 200230   M(N) 7.0   K 10.0   q 5.85222231   Q 6839.30987

**From 33 observations 2008 June 3-2009 June 21; mean residual 0".65
Arkansas Sky Observatories H41 / H45**

State vector (heliocentric equatorial J2000):

-1.465135356770 -4.565364513405 +5.910948825358 AU

-6.611136800322 +2.100236996269 +5.436333192382 mAU/day

MOIDs: Me 5.5071 Ve 5.2292 Ea 4.9571 Ma 4.6374

MOIDs: Ju 1.2238 Sa 3.3753 Ur 10.3808 Ne 9.6798

Elements written: 31 Mar 2017 14:52:42 (JD 2457844.119931)

Full range of obs: 2008 June 3-2009 June 21 (33 observations)

Find_Orb ver: Jan 17 2017 13:36:17

Perturbers: 00000000 (unperturbed orbit); not using JPL DE

Tisserand relative to Jupiter: -0.92300

Tisserand relative to Neptune: -0.37580

Score: 1.147527

Comet C/2006 OF2 - Broughton

Orbital elements: C/2006 OF2

Perihelion 2008 Sep 15.807247 +/- 0.000349 TT = 19:22:26 (JD 2454725.307247)
Epoch 2010 Apr 12.0 TT = JDT 2455298.5   Ju: 0.2111

q 2.43127684 +/- 4.13e-6
M(N) 7.0 K 10.0   Peri. 95.62524 +/- 0.00015
Node 318.50492 +/- 0.000037
e 1.0015855 +/- 3.94e-6   Incl. 30.16588 +/- 0.000020

From 249 observations 2008 July 28-2010 Apr. 12; mean residual 0".31
Arkansas Sky Observatories H41 / H45

State vector (heliocentric equatorial J2000):

-5.386209442065 +2.826581573217 +0.240707720048 AU

-8.802841109399 +0.085779728246 -4.462486275236 mAU/day

MOIDs: Me 2.1649 Ve 1.8502 Ea 1.6502 Ma 1.3087

MOIDs: Ju 0.2111 Sa 1.9730 Ur 6.3140 Ne 12.0535

Elements written: 31 Mar 2017 15:11:45 (JD 2457844.133160)

Full range of obs: 2008 July 28-2010 Apr. 12 (249 observations)

Find_Orb ver: Jan 17 2017 13:36:17

Perturbers: 00000060 ; not using JPL DE

Score: 0.808440

Showing a broad but faint tail of comet C/2006 OF2 on November 22, 2008 taken with the astrograph at prime focus from Arkansas Sky Observatories

Comet C/2006 Q1 - McNaught

Orbital elements: C/2006 Q1

Perihelion 2008 Jul 3.641919 +/- 0.000935 TT = 15:24:21 (JD 2454651.141919)
Epoch 2010 Jul 15.0 TT = JDT 2455392.5

M   0.00636 +/- 0.000046
n   0.00000858 +/- 6.25e-8   Peri. 344.33820 +/- 0.00019
a2361.88414 +/- 11.4   Node 199.56452 +/- 0.000049
e   0.9988301 +/- 5.68e-6   Incl. 59.05511 +/- 0.000029
P 114785   M(N) 6.8   K 10.0   U 1.6
q 2.76294154 +/- 7.16e-6   Q 4721.00535 +/- 23.2

**From 119 observations 2009 Feb. 5-2010 July 15; mean residual 0".17
Arkansas Sky Observatories H45**

State vector (heliocentric equatorial J2000):

+1.020452444893 -5.762223256968 +4.269700023977 AU

+6.287727685128 -4.080594195449 +5.038553724121 mAU/day

MOIDs: Me 2.3706 Ve 2.0680 Ea 1.7860 Ma 1.1785

MOIDs: Ju 2.5948 Sa 6.1487 Ur 7.9564 Ne 7.7422

Elements written: 31 Mar 2017 15:07:15 (JD 2457844.130035)

Full range of obs: 2009 Feb. 5-2010 July 15 (119 observations)

Find_Orb ver: Jan 17 2017 13:36:17

Perturbers: 00000060 ; not using JPL DE

Tisserand relative to Jupiter: 1.06172

Tisserand relative to Neptune: 0.45348

Score: 0.667460

Comet C/2006 W3 - Christensen

Orbital elements: C/2006 W3

Perihelion 2009 Jul 6.647445 +/- 0.000212 TT = 15:32:19 (JD 2455019.147445)
Epoch 2009 Nov 5.0 TT = JDT 2455140.5   Ur: 0.4836

q   3.12614205 +/- 1.66e-6
M(N) 4.5 K 10.0   Peri. 133.52003 +/- 0.000054
Node 113.58127 +/- 0.000015
e   1.0005363 +/- 2.79e-6   Incl. 127.06205 +/- 0.000010

From 193 observations 2008 Jan. 15-2009 Nov. 5; mean residual 0".18 Arkansas Sky Observatories H41 / H45

State vector (heliocentric equatorial J2000):

+1.821815045512 -2.777352899442 -0.344872036103 AU

-3.436505346690 -4.819432656442 -11.926386733949 mAU/day

MOIDs: Me 2.8229 Ve 2.5542 Ea 2.2973 Ma 2.0070

MOIDs: Ju 1.3074 Sa 3.0639 Ur 0.4836 Ne 3.2689

Elements written: 31 Mar 2017 15:16:11 (JD 2457844.136238)

Full range of obs: 2008 Jan. 15-2009 Nov. 5 (193 observations)

Find_Orb ver: Jan 17 2017 13:36:17

Perturbers: 00000060 ; not using JPL DE

Score: 0.681696

Comet C/2007 D1

Orbital elements: C/2007 D1

Perihelion 2007 Jun 15.557486 TT = 13:22:46 (JD 2454267.057486)
Epoch 2010 Mar 17.0 TT = JDT 2455272.5 Sa: 0.2604   Find_Orb

M   0.01087
n   0.00001081   Peri. 339.99605
a2024.83351   Node   171.09017
e   0.9956592   Incl.   41.54385
P 91113   M(N) 4.0   K 10.0   q 8.78939661 Q 4040.87762

**From 29 observations 2009 Feb. 19-2010 Mar. 17; mean residual 1".07
Arkansas Sky Observatories H45**

\# State vector (heliocentric equatorial J2000):

\# -9.751576346103 -3.248454713747 +2.097785907438 AU

\# -0.373451276917 -7.123153682245 +2.321943061610 mAU/day

\# MOIDs: Me 8.4525 Ve 8.1004 Ea 7.8256 Ma 7.1811

\# MOIDs: Ju 3.5534 Sa 0.2604 Ur 8.8534 Ne 13.6239

\# Elements written: 31 Mar 2017 15:17:45 (JD 2457844.137326)

\# Full range of obs: 2009 Feb. 19-2010 Mar. 17 (29 observations)

\# Find_Orb ver: Jan 17 2017 13:36:17

\# Perturbers: 00000040 ; not using JPL DE

\# Tisserand relative to Neptune: 1.15814

\# Score: 1.566264

Comet C/2007 N3 - Lulin

Orbital elements: C/2007 N3

Perihelion 2009 Jan 10.648067 +/- 0.000249 TT = 15:33:13 (JD 2454842.148067)
Epoch 2010 Mar 5.0 TT = JDT 2455260.5   Earth MOID: 0.2103   Ju: 0.1089

M 0.00008 +/- 0.000036   Ma: 0.0616 Sa: 0.0679 Ur: 0.1747
n 0.00000019 +/- 8.69e-8   Peri. 136.85311 +/- 0.0022
a 29716.9870 +/- 853   Node 338.54788 +/- 0.0022
e 0.9999592 +/- 7.68e-6   Incl. 178.37387 +/- 0.00014
P5122797   M(N) 10.6   K 10.0   U 1.8
q 1.21163118 +/- 2.68e-6   Q 59432.7623 +/- 1678

From 121 observations 2008 July 2-2010 Mar. 5; mean residual 0".48 Arkansas Sky Observatories H41 / H45

State vector (heliocentric equatorial J2000):

+0.961907029375 +4.754310065858 +1.902942438278 AU

+6.774050013503 +7.657931874519 +3.006681170757 mAU/day

MOIDs: Me 0.7875 Ve 0.4907 Ea 0.2103 Ma 0.0616

MOIDs: Ju 0.1089 Sa 0.0679 Ur 0.1747 Ne 0.2414

Elements written: 31 Mar 2017 15:24:27 (JD 2457844.141979)

Full range of obs: 2008 July 2-2010 Mar. 5 (121 observations)

Find_Orb ver: Jan 17 2017 13:36:17

Perturbers: 00000070 ; not using JPL DE

Tisserand relative to Earth: -3.11205

Tisserand relative to Jupiter: -1.36413

Tisserand relative to Neptune: -0.56652

Barbee-style encounter velocity: 67.9657 km/s

Score: 0.980841

Comet C/2007 N3 showing a remarkable transition over time: TOP Feb 23 / MIDDLE Mar 17 / BOTTOM April 2009 – all photographs same scale, 0.51m astrograph at prime focus – Arkansas Sky Observatories

Comet C/2007 Q3 – Siding Spring

Orbital elements: C/2007 Q3

Perihelion 2009 Oct 7.230918 +/- 0.00039 TT = 5:32:31 (JD 2455111.730918)
Epoch 2010 Jun 7.0 TT = JDT 2455354.5

q   2.25150390 +/- 5.06e-6

M(N) 7.1 K 10.0   Peri.   2.07767 +/- 0.00018
Node   149.41148 +/- 0.00011
e   1.0000659 +/- 1.32e-5   Incl.   65.64970 +/- 0.00009

From 115 observations 2009 Dec. 19-2010 June 7; mean residual 0".15
Arkansas Sky Observatories H41 / H45

State vector (heliocentric equatorial J2000):

-1.480067551873 -1.894825212953 +2.519090566470 AU

+4.855468665953 -10.808102025832 +5.437611485166 mAU/day

MOIDs: Me 1.9024 Ve 1.5330 Ea 1.2635 Ma 0.5864

MOIDs: Ju 3.1213 Sa 6.9763 Ur 11.6644 Ne 14.0114

Elements written: 31 Mar 2017 15:26:20 (JD 2457844.143287)

Full range of obs: 2009 Dec. 19-2010 June 7 (115 observations)

Find_Orb ver: Jan 17 2017 13:36:17

Perturbers: 00000020 ; not using JPL DE

Score: 0.645694

Comet C/2007 S2 - Lemmon

Orbital elements: C/2007 S2

Perihelion 2008 Sep 14.043591 +/- 0.666 TT = 1:02:46 (JD 2454723.543591)
Epoch 2009 Apr 1.0 TT = JDT 2454922.5   Ju: 0.5143

M 4.41541 +/- 0.013
n 0.02219288 +/- 1.37e-5   Peri. 210.39139 +/- 0.06
a 12.5408465 +/- 0.00518   Node   296.25094 +/- 0.008
e 0.5568307 +/- 0.000258   Incl. 16.86172 +/- 0.0028
P 44.41   M(N) 7.8   K 10.0   U 5.3
q 5.55771780 +/- 0.000947   Q 19.5239752 +/- 0.0113

From 27 observations 2009 Jan. 31-Apr. 1; mean residual 0".21
Arkansas Sky Observatories H45

State vector (heliocentric equatorial J2000):

-5.306657509033 +1.903064239748 -0.522433419135 AU

-3.038957656719 -6.795815610097 -5.051375428669 mAU/day

MOIDs: Me 5.2260 Ve 4.8555 Ea 4.5828 Ma 3.9312

MOIDs: Ju 0.5143 Sa 2.2790 Ur 2.0057 Ne 11.0607

Elements written: 31 Mar 2017 15:28:01 (JD 2457844.144456)

Full range of obs: 2009 Jan. 31-Apr. 1 (27 observations)

Find_Orb ver: Jan 17 2017 13:36:17

Perturbers: 00000000 (unperturbed orbit); not using JPL DE

Tisserand relative to Jupiter: 2.88308

Score: 0.489111

Comet C/2007 VO53 - Spacewatch

Orbital elements: C/2007 VO53

Perihelion 2010 Apr 26.620244 +/- 0.00953 TT = 14:53:09 (JD 2455313.120244)
Epoch 2011 Mar 3.0 TT = JDT 2455623.5   Sa: 0.9369

q   4.84277683 +/- 4.9e-5
M(N) 8.3 K 10.0   Peri. 75.04464 +/- 0.0011
Node   59.72570 +/- 0.00018
e   1.0000345 +/- 4.81e-5   Incl. 86.99143 +/- 0.000045

From 18 observations 2009 Oct. 18-2011 Mar. 3; mean residual 0".21
Arkansas Sky Observatories H45

State vector (heliocentric equatorial J2000):

-1.278115273306 -3.513451393513 +3.904778621105 AU

-5.230760644658 -8.007816709851 -4.241567197428 mAU/day

MOIDs: Me 4.7376 Ve 4.6137 Ea 4.4993 Ma 4.2489

MOIDs: Ju 2.0899 Sa 0.9369 Ur 3.7652 Ne 12.4571

Elements written: 31 Mar 2017 15:30:31 (JD 2457844.146192)

Full range of obs: 2009 Oct. 18-2011 Mar. 3 (18 observations)

Find_Orb ver: Jan 17 2017 13:36:17

Perturbers: 00000060 ; not using JPL DE

Score: 0.714470

Comet C/2008 E1 - Catalina

Orbital elements: C/2008 E1

Perihelion 2008 Aug 12.278521 +/- 0.309 TT = 6:41:04 (JD 2454690.778521)
Epoch 2010 Apr 11.0 TT = JDT 2455297.5

M 17.10643 +/- 0.018
n 0.02819488 +/- 2.4e-5   Peri. 270.06184 +/- 0.040
a 10.6911038 +/- 0.00606   Node 189.00882 +/- 0.00048
e 0.5481441 +/- 0.00025   Incl. 35.04147 +/- 0.00039
P 34.96   M(N) 8.2   K 10.0   U 5.6
q 4.83083808 +/- 0.00114   Q 16.5513695 +/- 0.0119

**From 15 observations 2009 Apr. 12-2010 Apr. 11; mean residual 1".21
Arkansas Sky Observatories H45**

\# State vector (heliocentric equatorial J2000):

\# -5.463892069967 +2.041912163686 -0.909786196298 AU

\# -5.718666106725 -6.272562035517 +0.723416811131 mAU/day

\# MOIDs: Me 4.5988 Ve 4.2718 Ea 4.0651 Ma 3.6724

\# MOIDs: Ju 1.5041 Sa 1.3710 Ur 8.9022 Ne 18.8661

\# Elements written: 31 Mar 2017 15:33:04 (JD 2457844.147963)

\# Full range of obs: 2009 Apr. 12-2010 Apr. 11 (15 observations)

\# Find_Orb ver: Jan 17 2017 13:36:17

\# Perturbers: 00000000 (unperturbed orbit); not using JPL DE

\# Tisserand relative to Jupiter: 2.44984

\# Score: 1.507912

Comet C/2008 FK75 – Lemmon-Siding Spring

Orbital elements: C/2008 FK75

Perihelion 2010 Sep 29.095039 +/- 0.000393 TT = 2:16:51 (JD 2455468.595039)
Epoch 2013 Sep 5.0 TT = JDT 2456540.5

q   4.51509410 +/- 1.81e-6
M(N) 6.6 K 10.0   Peri. 80.48976 +/- 0.000045
Node 218.26749 +/- 0.000020
e   1.0007794 +/- 3.91e-6   Incl. 61.18468 +/- 0.000019

From 145 observations 2009 Feb. 5-2013 Sept. 5; mean residual 0".45
Arkansas Sky Observatories H41 / H45

State vector (heliocentric equatorial J2000):

+7.516079326945 +4.165129582673 +3.140767855380 AU

+3.715899473108 +6.983524949903 -1.469999366406 mAU/day

MOIDs: Me 4.3336 Ve 4.1918 Ea 4.0611 Ma 3.8720

MOIDs: Ju 1.5400 Sa 1.2525 Ur 5.6232 Ne 12.2492

Elements written: 31 Mar 2017 15:34:51 (JD 2457844.149201)

Full range of obs: 2009 Feb. 5-2013 Sept. 5 (145 observations)

Find_Orb ver: Jan 17 2017 13:36:17

Perturbers: 00000060 ; not using JPL DE

Score: 0.950485

Comet C/2008 J1 - Boattini

Orbital elements: C/2008 J1

Perihelion 2008 Jul 13.273026 +/- 9.31e-5 TT = 6:33:09 (JD 2454660.773026)
Epoch 2009 Jan 20.0 TT = JDT 2454851.5   Ju: 0.1654

M   0.08677 +/- 0.000037
n   0.00045496 +/- 1.99e-7   Peri. 68.12862 +/- 0.000054
a 167.423907 +/- 0.0489   Node 273.42066 +/- 0.000019
e   0.9897005 +/- 3e-6   Incl. 61.77917 +/- 0.000013
P 2166.34   M(N) 11.3   K 10.0   U 2.4
q 1.72437043 +/- 9.25e-7   Q 333.123443 +/- 0.0979

**From 151 observations 2008 May 5-2009 Jan. 20; mean residual 0".24
Arkansas Sky Observatories H41 / H45**

State vector (heliocentric equatorial J2000):

+0.587448914613 +1.746460845933 +2.250807265277 AU

-2.893505909405 +13.795526662844 +1.732269314575 mAU/day

MOIDs: Me 1.5170 Ve 1.3183 Ea 1.1101 Ma 0.8443

MOIDs: Ju 0.1654 Sa 1.9432 Ur 8.3994 Ne 15.9181

Elements written: 31 Mar 2017 16:36:07 (JD 2457844.191748)

Full range of obs: 2008 May 5-2009 Jan. 20 (151 observations)

Find_Orb ver: Jan 17 2017 13:36:17

Perturbers: 00000020 ; not using JPL DE

Tisserand relative to Jupiter: 0.79905

Tisserand relative to Neptune: 0.49906

Score: 0.735990

The comet C/2008 J1 taken at prime focus with the ASO Astrographic telescope; note the elongation/extensions of the highly condensed coma in this image; the extensions are oriented to the NE and SW of center, opposing due to the Earth-comet persepective

Comet C/2008 N1 - Holmes

Orbital elements: C/2008 N1

Perihelion 2009 Sep 25.927932 +/- 0.000191 TT = 22:16:13 (JD 2455100.427932)
Epoch 2010 May 5.0 TT = JDT 2455321.5 Ju: 0.6444

M   0.00576 +/- 0.000010
n   0.00002609 +/- 4.61e-8   Peri. 100.82442 +/- 0.000045
a 125.62342 +/- 1.31   Node   357.47090 +/- 0.000011
e   0.9975271 +/- 2.91e-6   Incl. 115.52237 +/- 0.000013
P 37765   M(N) 10.1   K 10.0   U 1.4
q 2.78351182 +/- 1.12e-6   Q 2248.46334 +/- 2.61

**From 253 observations 2008 Aug. 5-2010 May 5; mean residual 0".39
Arkansas Sky Observatories H41 / H45**

\# State vector (heliocentric equatorial J2000):

\#   -3.293429775802 -0.933516505314 +0.985921583072 AU

\#   -9.880056741924 +6.484938879201 -5.118727946605 mAU/day

\# MOIDs: Me 2.5895 Ve 2.4507 Ea 2.3511 Ma 2.0041

\# MOIDs: Ju 0.6444 Sa 1.3818 Ur 8.9471 Ne 16.0350

\# Elements written: 31 Mar 2017 16:38:23 (JD 2457844.193322)

\# Full range of obs: 2008 Aug. 5-2010 May 5 (253 observations)

\# Find_Orb ver: Jan 17 2017 13:36:17

\# Perturbers: 00000060 ; not using JPL DE

\# Tisserand relative to Jupiter: -0.88616

\# Tisserand relative to Neptune: -0.34384

\# Score: 0.892438

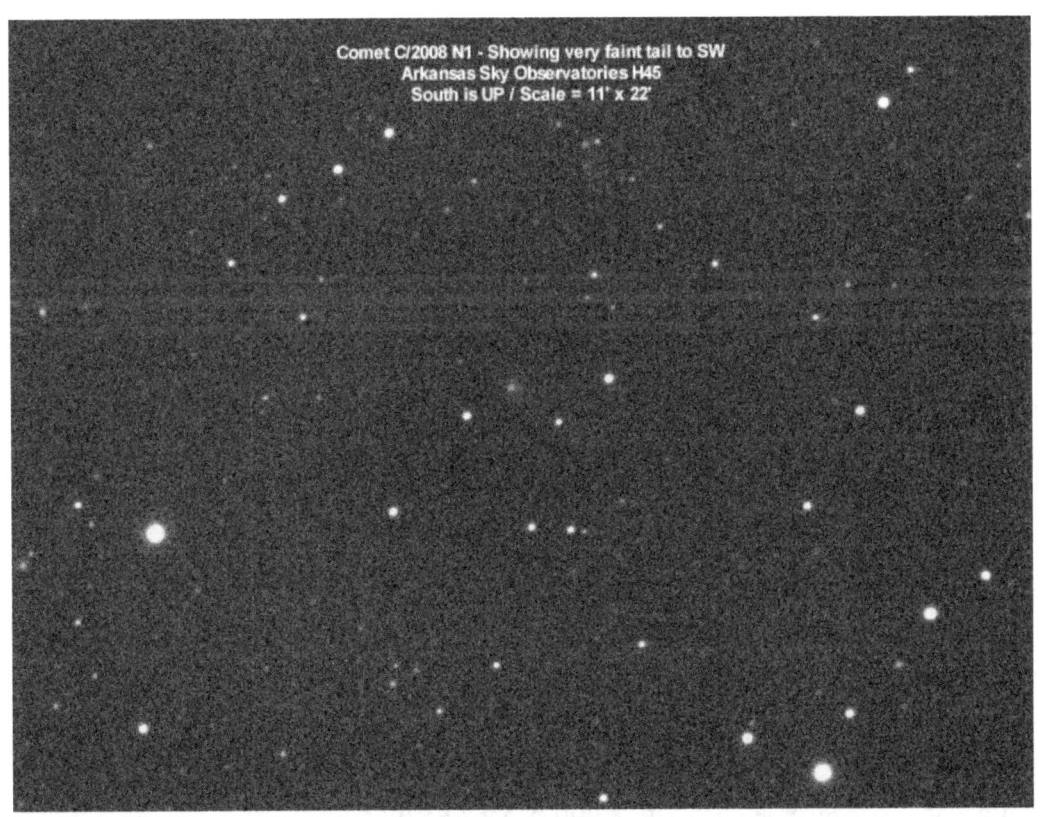

Faint comet C/2008 N1 – April 8, 2010 from Arkansas Sky Observatories.
A very tenuous tail can be seen to the SW of the faint nebulous coma

Comet C/2008 P1 - Garradd

Orbital elements: C/2008 P1

Perihelion 2009 Jul 23.001812 +/- 0.0084 TT = 0:02:36 (JD 2455035.501812)
Epoch 2009 Dec 16.0 TT = JDT 2455181.5

q   3.89597188 +/- 2.58e-5
M(N) 8.5 K 10.0   Peri.   11.87464 +/- 0.0015
Node   357.67603 +/- 0.00022
e   1.0013016 +/- 3.58e-5   Incl.   64.30841 +/- 0.00049

**From 101 observations 2009 July 1-Dec. 16; mean residual 0".58
Arkansas Sky Observatories H45**

State vector (heliocentric equatorial J2000):

+3.293084804090 -0.023860432033 +2.437373082511 AU

-4.820355832310 +0.612463509944 +10.997250235694 mAU/day

MOIDs: Me 3.5566 Ve 3.1888 Ea 2.9078 Ma 2.5296

MOIDs: Ju 1.0071 Sa 5.5919 Ur 11.6546 Ne 13.5752

Elements written: 31 Mar 2017 16:40:00 (JD 2457844.194444)

Full range of obs: 2009 July 1-Dec. 16 (101 observations)

Find_Orb ver: Jan 17 2017 13:36:17

Perturbers: 00000000 (unperturbed orbit); not using JPL DE

Score: 1.076492

Comet C/2008 Q1 - Maticic

Orbital elements: C/2008 Q1

Perihelion 2008 Dec 30.163788 +/- 0.00391 TT = 3:55:51 (JD 2454830.663788)
Epoch 2009 Jun 19.0 TT = JDT 2455001.5   Ju: 0.6307   Sa: 0.5795

```
M  0.01134 +/- 0.00008                  Find_Orb
n  0.00006643 +/- 4.87e-7      Peri. 104.48801 +/- 0.0010
a  603.772046 +/- 2.96         Node    9.30619 +/- 0.000059
e  0.9950987 +/- 2.39e-5       Incl. 118.62797 +/- 0.00008
P  14835         M(N) 10.1   K 10.0   U 3.0
q 2.95922836 +/- 1.91e-5   Q 1204.58486 +/- 5.85
```

From 47 observations 2008 Sept. 7-2009 June 19; mean residual 0".32
Arkansas Sky Observatories H45

State vector (heliocentric equatorial J2000):

-2.671214120657 -1.877582293629 +0.963046093226 AU

-11.139593673699 +4.439808661647 -5.437080263688 mAU/day

MOIDs: Me 2.7371 Ve 2.5833 Ea 2.4598 Ma 2.1176

MOIDs: Ju 0.6307 Sa 0.5795 Ur 7.6302 Ne 14.1877

Elements written: 31 Mar 2017 16:41:42 (JD 2457844.195625)

Full range of obs: 2008 Sept. 7-2009 June 19 (47 observations)

Find_Orb ver: Jan 17 2017 13:36:17

Perturbers: 00000020 ; not using JPL DE

Tisserand relative to Jupiter: -1.01210

Tisserand relative to Neptune: -0.37480

Score: 0.815375

Comet C/2008 Q3 - Garradd

Orbital elements: C/2008 Q3

Perihelion 2009 Jun 23.091818 +/- 0.00322 TT = 2:12:13 (JD 2455005.591818)
Epoch 2010 Apr 6.0 TT = JDT 2455292.5   Earth MOID: 0.8139

M   0.00037 +/- 0.00010
n   0.00000131 +/- 3.81e-7   Peri. 340.85061 +/- 0.0032
a8246.82140 +/- 802   Node 219.74071 +/- 0.00044
e   0.9997819 +/- 3.67e-5   Incl. 140.70967 +/- 0.00007
P 748910   M(N) 10.7   K 10.0   U 2.8
q 1.79793856 +/- 7.31e-5   Q 16491.8448 +/- 2342

**From 68 observations 2009 Dec. 19-2010 Apr. 6; mean residual 0".32
Arkansas Sky Observatories H45**

State vector (heliocentric equatorial J2000):

-2.615438499330 +0.457904435635 +2.719625348246 AU

-1.064512567157 +6.626498649209 +10.518001975160 mAU/day

MOIDs: Me 1.3506 Ve 1.0962 Ea 0.8139 Ma 0.2708

MOIDs: Ju 2.5608 Sa 2.8497 Ur 3.2336 Ne 2.1196

Elements written: 31 Mar 2017 16:43:17 (JD 2457844.196725)

Full range of obs: 2009 Dec. 19-2010 Apr. 6 (68 observations)

Find_Orb ver: Jan 17 2017 13:36:17

Perturbers: 00000020 ; not using JPL DE

Tisserand relative to Jupiter: -1.28608

Tisserand relative to Neptune: -0.53161

Score: 0.815901

Comet C/2008 S3 - Boattini

Orbital elements: C/2008 S3

Perihelion 2011 Jun 10.011247 +/- 0.00296 TT = 0:16:11 (JD 2455722.511247)
Epoch 2013 Sep 1.0 TT = JDT 2456536.5   Sa: 0.2528   Find_Orb

q   8.02051036 +/- 1.78e-5
M(N) 4.6 K 10.0   Peri.   40.12812 +/- 0.00016
Node   54.95715 +/- 0.00007
e   1.0023984 +/- 1.62e-5   Incl. 162.70635 +/- 0.000026

**From 98 observations 2008 Oct. 28-2013 Sept. 1; mean residual 0".45
Arkansas Sky Observatories H41 / H45**

State vector (heliocentric equatorial J2000):

+7.782728893833 -5.192520831473 +0.778938529642 AU

-1.181959702544 -7.572309093287 -2.095281997925 mAU/day

MOIDs: Me 7.6958 Ve 7.3185 Ea 7.0427 Ma 6.6446

MOIDs: Ju 3.3080 Sa 0.2528 Ur 3.7884 Ne 2.5722

Elements written: 31 Mar 2017 16:44:48 (JD 2457844.197778)

Full range of obs: 2008 Oct. 28-2013 Sept. 1 (98 observations)

Find_Orb ver: Jan 17 2017 13:36:17

Perturbers: 00000060 ; not using JPL DE

Score: 0.952892

Comet C/2008 T2 - Cardinal

Orbital elements: C/2008 T2

Perihelion 2009 Jun 13.241641 +/- 0.000398 TT = 5:47:57 (JD 2454995.741641)
Epoch 2009 Apr 4.0 TT = JDT 2454925.5   Earth MOID: 0.3175   Sa: 0.5716

q   1.20216617 +/- 3.53e-6
M(N) 10.1 K 10.0   Peri. 215.87408 +/- 0.00020
Node 309.67957 +/- 0.00015
e   1.0000308 +/- 8.59e-6   Incl. 56.30295 +/- 0.00010

**From 50 observations 2008 Oct. 28-2009 Apr. 4; mean residual 0".22
Arkansas Sky Observatories H45**

State vector (heliocentric equatorial J2000):

-0.649254288689 +1.029987093037 +1.053264594734 AU

-6.939773351724 -1.221804730944 -17.831726741325 mAU/day

MOIDs: Me 0.9223 Ve 0.5778 Ea 0.3175 Ma 0.2763

MOIDs: Ju 1.5260 Sa 0.5716 Ur 2.2865 Ne 5.4515

Elements written: 31 Mar 2017 16:46:44 (JD 2457844.199120)

Full range of obs: 2008 Oct. 28-2009 Apr. 4 (50 observations)

Find_Orb ver: Jan 17 2017 13:36:17

Perturbers: 00000000 (unperturbed orbit); not using JPL DE

Barbee-style encounter velocity: 59.4313 km/s

Score: 0.724422

Comet P/2008 WZ96 - LIINEAR *

Orbital elements: P/2008 WZ96

Perihelion 2008 Dec 25.997906 +/- 80 TT = 23:56:59 (JD 2454826.497906)
Epoch 2009 Feb 1.0 TT = JDT 2454863.5   Earth MOID: 0.5955   Find_Orb

M   9.09480 +/- 80
n   0.24579154 +/- 0.419   Peri. 303.27305 +/- 100
a   2.52401203 +/- 2.87   Node   77.73571 +/- 59
e   0.3703241 +/- 0.243   Incl.   3.62577 +/- 2.2
P   4.01   M(N) 14.9   K 10.0   U 12.2 SR
q 1.58930940 +/- 0.417   Q 3.45871466 +/- 1.65

***From 7 observations 2009 Feb. 1 (14.2 min); mean residual 0".40
Arkansas Sky Observatories H45**

State vector (heliocentric equatorial J2000):

+1.199838050091 +1.018843655653 +0.376658620868 AU

-9.332813448364 +11.335207656978 +5.730296366237 mAU/day

MOIDs: Me 1.2529 Ve 0.8643 Ea 0.5955 Ma 0.1696

MOIDs: Ju 1.9987 Sa 6.1522 Ur 14.9121 Ne 26.8442

Elements written: 31 Mar 2017 16:50:03 (JD 2457844.201424)

Full range of obs: 2009 Feb. 1 (14.2 min) (7 observations)

Find_Orb ver: Jan 17 2017 13:36:17

Perturbers: 00000001 ; not using JPL DE

Score: -0.211088

The very faint nebulous spot just above center (below arrow) is one of several dozen confirmation images of asteroid 2008 WZ96 which suddenly appeared cometary and confirmed by the Minor Planet Center as cometary in nature shortly thereafter.
Arkansas Sky Observatories, P. Clay Sherrod

Comet C/2009 B2 - LINEAR

Orbital elements: C/2009 B2

Perihelion 2009 Mar 7.388575 +/- 0.00827 TT = 9:19:32 (JD 2454897.888575)
Epoch 2009 Apr 15.0 TT = JDT 2454936.5

M   0.14252 +/- 0.0017
n   0.00369136 +/- 4.47e-5   Peri. 192.49302 +/- 0.0039
a   41.4646565 +/- 0.342   Node   18.81321 +/- 0.0012
e   0.9438668 +/- 0.000453   Incl. 156.87167 +/- 0.0010
P 267.00   M(N) 13.5   K 10.0   U 6.0
q 2.32754025 +/- 7.7e-5   Q 80.6017729 +/- 0.691

**From 32 observations 2009 Feb. 5-Apr. 15; mean residual 0".52
Arkansas Sky Observatories H45**

State vector (heliocentric equatorial J2000):

-2.311709364876 +0.413031556667 -0.285011499354 AU

+0.729052252399 +15.565531710364 +0.480533641606 mAU/day

MOIDs: Me 1.9297 Ve 1.6157 Ea 1.3339 Ma 0.7113

MOIDs: Ju 1.9021 Sa 2.2523 Ur 2.8488 Ne 1.8342

Elements written: 31 Mar 2017 16:51:29 (JD 2457844.202419)

Full range of obs: 2009 Feb. 5-Apr. 15 (32 observations)

Find_Orb ver: Jan 17 2017 13:36:17

Perturbers: 00000000 (unperturbed orbit); not using JPL DE

Tisserand relative to Jupiter: -1.58959

Tisserand relative to Neptune: 0.01172

Score: 0.990981

Comet C/2009 E1 – Itagati *

Orbital elements: C/2009 E1

Perihelion 2009 Apr 28.659272 +/- 79.5 TT = 15:49:21 (JD 2454950.159272)
Epoch 2009 Jun 26.0 TT = JDT 2455008.5   Earth MOID: 0.1502   Ju: 0.4900

M 13.27334 +/- 90   Me: 0.0576   Find_Orb
n 0.22751425 +/- 0.425   Peri. 333.36593 +/- 54
a 2.65744104 +/- 3.31   Node 202.75677 +/- 42
e 0.8300948 +/- 0.212   Incl. 11.10761 +/- 43
P 4.33   M(N) 19.7   K 10.0   U 12.2   SR
q 0.45151300 +/- 0.345   Q 4.86336908 +/- 13.8

***From 7 observations 2009 June 26 (12.6 min); mean residual 0".16
Arkansas Sky Observatories H45**

\# State vector (heliocentric equatorial J2000):

\# +0.389424608943 -1.132964762205 -0.235370920214 AU

\# +16.715944888855 -9.644082836988 -0.974998974122 mAU/day

\# MOIDs: Me 0.0576 Ve 0.1066 Ea 0.1502 Ma 0.1506

\# MOIDs: Ju 0.4900 Sa 4.7652 Ur 15.2591 Ne 25.0654

\# Elements written: 31 Mar 2017 16:53:03 (JD 2457844.203507)

\# Full range of obs: 2009 June 26 (12.6 min) (7 observations)

\# Find_Orb ver: Jan 17 2017 13:36:17

\# Perturbers: 00000001 ; not using JPL DE

\# Tisserand relative to Earth: 2.16028

\# Tisserand relative to Jupiter: 2.74009

\# Earth encounter velocity 27.4909 km/s

\# Barbee-style encounter velocity: 30.2051 km/s

\# Score: -0.249032

Comet C/2009 F1 - Larson

Orbital elements: C/2009 F1

Perihelion 2009 Aug 9.529137 +/- 11.7 TT = 12:41:57 (JD 2455053.029137)
Epoch 2009 Apr 1.0 TT = JDT 2454922.5   Earth MOID: 0.0132   Ve: 0.0078

```
M 194.13577 +/- 4.3                         Find_Orb
n   1.27070653 +/- 0.0898       Peri.  347.19744 +/- 2.0
a   0.84418806 +/- 0.0398       Node    14.68332 +/- 1.9
e   0.3820612 +/- 0.143         Incl.    1.54580 +/- 0.8
P   0.78/283.30d  M(N) 22.4     K 10.0    U 11.1
q 0.52165651 +/- 0.144    Q 1.16671960 +/- 0.0652
```

From 13 observations 2009 Mar. 20-Apr. 1; mean residual 0".82
Arkansas Sky Observatories H45

State vector (heliocentric equatorial J2000):

-1.148079614047 -0.163269128757 -0.067249505379 AU

+2.823254398060 -11.134673495746 -5.198016014010 mAU/day

MOIDs: Me 0.1564 Ve 0.0078 Ea 0.0132 Ma 0.4783

MOIDs: Ju 4.2774 Sa 8.1668 Ur 17.1268 Ne 29.0593

Elements written: 31 Mar 2017 16:54:32 (JD 2457844.204537)

Full range of obs: 2009 Mar. 20-Apr. 1 (13 observations)

Find_Orb ver: Jan 17 2017 13:36:17

Perturbers: 00000408 (Sun/Earth/Moon); not using JPL DE

Tisserand relative to Earth: 2.88214

Earth encounter velocity 10.2992 km/s

Barbee-style encounter velocity: 15.3211 km/s

Score: 0.776567

Comet C/2009 F5 - McNaught

Orbital elements: C/2009 F5

Perihelion 2008 Nov 4.826252 +/- 0.179 TT = 19:49:48 (JD 2454775.326252)
Epoch 2009 Jun 19.0 TT = JDT 2455001.5   Sa: 0.9873

M   0.30923 +/- 0.042
n   0.00136724 +/- 0.000201   Peri. 297.33809 +/- 0.029
a   80.3966516 +/- 7.92   Node   219.06536 +/- 0.0016
e   0.9720841 +/- 0.00275   Incl. 84.99027 +/- 0.035
P   720.87   M(N) 11.1   K 10.0   U 7.0
q   2.24433923 +/- 0.000852   Q 158.548964 +/- 21.4

From 23 observations 2009 May 28-June 19; mean residual 0".29
Arkansas Sky Observatories H45

State vector (heliocentric equatorial J2000):

-2.536824056991 -2.104367028407 -0.444515254627 AU

-4.012519624650 -8.860576573197 +8.924954049404 mAU/day

MOIDs: Me 2.0151 Ve 1.8531 Ea 1.6389 Ma 1.2215

MOIDs: Ju 1.3954 Sa 0.9873 Ur 7.5300 Ne 15.1795

Elements written: 31 Mar 2017 16:57:11 (JD 2457844.206377)

Full range of obs: 2009 May 28-June 19 (23 observations)

Find_Orb ver: Jan 17 2017 13:36:17

Perturbers: 00000000 (unperturbed orbit); not using JPL DE

Tisserand relative to Jupiter: 0.22580

Tisserand relative to Neptune: 0.44101

Score: 0.777964

Comet C/2009 K2 - Catalina

Orbital elements: C/2009 K2

Perihelion 2010 Feb 7.468398 +/- 0.00183 TT = 11:14:29 (JD 2455234.968398)
Epoch 2009 Nov 5.0 TT = JDT 2455140.5

M 359.99845 +/- 0.000032
n 0.00001631 +/- 3.46e-7   Peri. 147.68940 +/- 0.00050
a1539.80742 +/- 21.6   Node 123.80374 +/- 0.00029
e 0.9978917 +/- 2.97e-5   Incl. 66.82235 +/- 0.00008
P 60422   M(N) 10.3   K 10.0   U 2.8
q 3.24631352 +/- 1.6e-5   Q 3076.36854 +/- 41.6

From 140 observations 2009 May 21-Nov. 5; mean residual 0".48
Arkansas Sky Observatories H45

State vector (heliocentric equatorial J2000):

+0.200430161553 -3.048898394580 +1.417486413297 AU

+8.208064906089 -1.463569372850 -10.295599982020 mAU/day

MOIDs: Me 2.8779 Ve 2.6133 Ea 2.3406 Ma 2.0004

MOIDs: Ju 1.5041 Sa 5.3885 Ur 4.6601 Ne 2.8373

Elements written: 31 Mar 2017 16:58:33 (JD 2457844.207326)

Full range of obs: 2009 May 21-Nov. 5 (140 observations)

Find_Orb ver: Jan 17 2017 13:36:17

Perturbers: 00000000 (unperturbed orbit); not using JPL DE

Tisserand relative to Jupiter: 0.88222

Tisserand relative to Neptune: 0.38511

Score: 0.974702

An almost stellar C/2009 K2 – From Arkansas Sky Observatories

Comet C/2009 O2 - Catalina

Orbital elements: C/2009 O2

Perihelion 2009 Oct 30.566992 +/- 229 TT = 13:36:28 (JD 2455135.066992)
Epoch 2009 Aug 27.0 TT = JDT 2455070.5   Earth MOID: 0.0143   Ma: 0.0981

M 340.09908 +/- 100   Find_Orb
n 0.30822122 +/- 0.206   Peri. 145.77143 +/- 26
a 2.17050615 +/- 0.966   Node 248.03983 +/- 25
e 0.5475799 +/- 0.178   Incl. 2.41963 +/- 31
P 3.20   M(N) 21.0   K 10.0   U 11.7 SR
q 0.98198060 +/- 0.456   Q 3.35903171 +/- 1.65

**From 13 observations 2009 Aug. 25-27; mean residual 0".50
Arkansas Sky Observatories H45**

State vector (heliocentric equatorial J2000):

+1.041795703599 -0.671781827832 -0.234530886980 AU

+3.604490936979 +16.462491176358 +6.983343670011 mAU/day

MOIDs: Me 0.6582 Ve 0.2635 Ea 0.0143 Ma 0.0981

MOIDs: Ju 2.0882 Sa 6.4106 Ur 15.1178 Ne 26.9684

Elements written: 31 Mar 2017 17:01:50 (JD 2457844.209606)

Full range of obs: 2009 Aug. 25-27 (13 observations)

Find_Orb ver: Jan 17 2017 13:36:17

Perturbers: 00000001 ; not using JPL DE

Tisserand relative to Earth: 2.92404

Earth encounter velocity 8.2682 km/s

Barbee-style encounter velocity: 7.6585 km/s

Score: -0.007062

Comet C/2009 O3 - Hill

Orbital elements: C/2009 O3

Perihelion 2009 May 17.917331 +/- 0.308 TT = 22:00:57 (JD 2454969.417331)
Epoch 2009 Aug 31.0 TT = JDT 2455074.5   Ju: 0.9491   Sa: 0.0278

M   4.58967 +/- 0.07   Find_Orb
n   0.04367681 +/- 0.00087   Peri. 154.21394 +/- 0.14
a   7.98549868 +/- 0.106   Node 183.74624 +/- 0.012
e   0.6938498 +/- 0.00422   Incl.   16.18730 +/- 0.012
P 22.57   M(N) 13.2   K 10.0   U 8.0
q 2.44476154 +/- 0.00205   Q 13.5262358 +/- 0.207

From 27 observations 2009 Aug. 17-31; mean residual 0".66
Arkansas Sky Observatories H45

State vector (heliocentric equatorial J2000):

+2.572077609096 +0.509512878083 +0.112371196272 AU

+0.541153928278 +13.604945501275 +1.749096191356 mAU/day

MOIDs: Me 2.0744 Ve 1.7329 Ea 1.4475 Ma 1.0914

MOIDs: Ju 0.9491 Sa 0.0278 Ur 5.1771 Ne 16.8640

Elements written: 31 Mar 2017 17:04:08 (JD 2457844.211204)

Full range of obs: 2009 Aug. 17-31 (27 observations)

Find_Orb ver: Jan 17 2017 13:36:17

Perturbers: 00000000 (unperturbed orbit); not using JPL DE

Tisserand relative to Jupiter: 2.36507

Score: 1.010035

Comet C/2009 O4 - Hill

Orbital elements: C/2009 O4

Perihelion 2010 Jan 1.334887 +/- 0.073 TT = 8:02:14 (JD 2455197.834887)
Epoch 2009 Sep 2.0 TT = JDT 2455076.5   Ur: 0.4727   Find_Orb

q   2.56336878 +/- 0.000485
M(N) 10.1 K 10.0   Peri. 223.74838 +/- 0.017
Node 172.93444 +/- 0.0031
e   1.0003087 +/- 0.00171   Incl. 95.81053 +/- 0.019

From 46 observations 2009 Aug. 13-Sept. 2; mean residual 0".17
Arkansas Sky Observatories H45

State vector (heliocentric equatorial J2000):

+2.831190879047 -0.237448986809 -0.406242087457 AU

-6.112056489921 +4.637957463813 -12.139868323978 mAU/day

MOIDs: Me 2.2593 Ve 1.9732 Ea 1.7640 Ma 1.4197

MOIDs: Ju 1.9092 Sa 3.2202 Ur 0.4727 Ne 4.2699

Elements written: 31 Mar 2017 17:05:45 (JD 2457844.212326)

Full range of obs: 2009 Aug. 13-Sept. 2 (46 observations)

Find_Orb ver: Jan 17 2017 13:36:17

Perturbers: 00000000 (unperturbed orbit); not using JPL DE

Score: 0.670252

Comet C/2009 P1 - Garradd

Orbital elements: C/2009 P1

Perihelion 2011 Dec 23.622762 +/- 6.22e-5 TT = 14:56:46 (JD 2455919.122762)
Epoch 2013 Mar 8.0 TT = JDT 2456359.5

q   1.55067901 +/- 2.43e-7
M(N) 6.5 K 10.0   Peri.   90.74164 +/- 0.000026
Node 325.99806 +/- 0.000010
e   1.0007985 +/- 1.02e-6   Incl. 106.17027 +/- 0.000019

From 225 observations 2011 July 1-2013 Mar. 8; mean residual 0".36
Arkansas Sky Observatories H45

State vector (heliocentric equatorial J2000):

-3.606630740738 +3.758772445793 -0.685654827531 AU

-3.294592920018 +8.241009101817 -5.832911599237 mAU/day

MOIDs: Me 1.4375 Ve 1.3278 Ea 1.2541 Ma 0.8595

MOIDs: Ju 1.3087 Sa 4.8804 Ur 12.9888 Ne 22.7357

Elements written: 31 Mar 2017 17:08:18 (JD 2457844.214097)

Full range of obs: 2011 July 1-2013 Mar. 8 (225 observations)

Find_Orb ver: Jan 17 2017 13:36:17

Perturbers: 00000060 ; not using JPL DE

Score: 0.859905

Comet C/2009 P2 - Boattini

Orbital elements: C/2009 P2

Perihelion 2010 Feb 11.486508 +/- 0.129 TT = 11:40:34 (JD 2455238.986508)
Epoch 2010 Aug 17.0 TT = JDT 2455425.5   Sa: 0.8274   Ur: 0.4204

q   6.54510824 +/- 0.000218
M(N) 6.9 K 10.0   Peri.   76.21544 +/- 0.011
Node   60.46738 +/- 0.0010
e   1.0016560 +/- 0.000208   Incl. 163.45775 +/- 0.00016

From 36 observations 2009 Aug. 23-2010 Aug. 17; mean residual 0".52
Arkansas Sky Observatories H45

State vector (heliocentric equatorial J2000):

+5.466618195200 -3.787388918600 +0.425241293379 AU

-3.782659417538 -8.032549090690 -3.170731079206 mAU/day

MOIDs: Me 6.2013 Ve 5.8641 Ea 5.5837 Ma 5.2443

MOIDs: Ju 2.3032 Sa 0.8274 Ur 0.4204 Ne 3.9163

Elements written: 31 Mar 2017 17:09:49 (JD 2457844.215150)

Full range of obs: 2009 Aug. 23-2010 Aug. 17 (36 observations)

Find_Orb ver: Jan 17 2017 13:36:17

Perturbers: 00000020 ; not using JPL DE

Score: 1.024356

Comet C/2009 T3 - LINEAR

Orbital elements: C/2009 T3

Perihelion 2010 Jan 12.137526 +/- 0.0483 TT = 3:18:02 (JD 2455208.637526)
Epoch 2009 Nov 26.0 TT = JDT 2455161.5

M 359.99822 +/- 0.0017
n 0.00003771 +/- 2.64e-5   Peri. 32.47093 +/- 0.013
a 880.625155 +/- 409   Node   60.08998 +/- 0.0018
e 0.9974101 +/- 0.00121   Incl. 148.73482 +/- 0.0044
P 26132   M(N) 13.4   K 10.0   U 5.7
q 2.28069731 +/- 0.000257   Q 1758.96961 +/- 264

**From 58 observations 2009 Oct. 20-Nov. 26; mean residual 0".50
Arkansas Sky Observatories H45**

State vector (heliocentric equatorial J2000):

+1.547109366529 +1.477061457065 +0.955280558672 AU

+7.718488086889 -13.685278723742 +2.331685668621 mAU/day

MOIDs: Me 1.9759 Ve 1.6013 Ea 1.3396 Ma 0.9035

MOIDs: Ju 2.1165 Sa 1.8940 Ur 1.3170 Ne 1.1222

Elements written: 31 Mar 2017 17:11:27 (JD 2457844.216285)

Full range of obs: 2009 Oct. 20-Nov. 26 (58 observations)

Find_Orb ver: Jan 17 2017 13:36:17

Perturbers: 00000000 (unperturbed orbit); not using JPL DE

Tisserand relative to Jupiter: -1.59368

Tisserand relative to Neptune: -0.63127

Score: 0.995983

Comet C/2009 U3 - Hill

Orbital elements: C/2009 U3

Perihelion 2010 Mar 20.255175 +/- 0.000169 TT = 6:07:27 (JD 2455275.755175)
Epoch 2010 Jun 7.0 TT = JDT 2455354.5   Earth MOID: 0.8677   Find_Orb

M   0.03536 +/- 0.00006
n 0.00044910 +/- 8.18e-7   Peri.   77.70299 +/- 0.00012
a 168.876521 +/- 0.206   Node   49.32138 +/- 0.000052
e 0.9916245 +/- 1.02e-5   Incl. 51.26078 +/- 0.000041
P2194.59   M(N) 15.1   K 10.0   U 3.3
q 1.41441256 +/- 2.34e-6   Q 336.338629 +/- 0.412

From 69 observations 2009 Nov. 19-2010 June 7; mean residual 0".58
Arkansas Sky Observatories H45

State vector (heliocentric equatorial J2000):

-1.421402646450 -0.764814975927 +0.789657546235 AU

-9.099646775595 -12.450385109989 -9.475694713129 mAU/day

MOIDs: Me 1.1976 Ve 1.0109 Ea 0.8677 Ma 0.5486

MOIDs: Ju 1.0965 Sa 4.1700 Ur 10.1206 Ne 18.5068

Elements written: 31 Mar 2017 17:13:49 (JD 2457844.217928)

Full range of obs: 2009 Nov. 19-2010 June 7 (69 observations)

Find_Orb ver: Jan 17 2017 13:36:17

Perturbers: 00000020 ; not using JPL DE

Tisserand relative to Earth: 2.10651

Tisserand relative to Jupiter: 0.95169

Tisserand relative to Neptune: 0.56113

Score: 1.077090

Comet C/2009 U5 - Grauer

Orbital elements: C/2009 U5

Perihelion 2010 Jun 22.211112 +/- 0.034 TT = 5:04:00 (JD 2455369.711112)
Epoch 2011 Apr 2.0 TT = JDT 2455653.5 Ju: 0.9535

q 6.09409819 +/- 4.54e-5
M(N) 7.6 K 10.0   Peri. 23.79693 +/- 0.0030
Node 121.16065 +/- 0.00013
e 1.0003309 +/- 3.52e-5   Incl. 25.46372 +/- 0.00017

From 34 observations 2009 Nov. 25-2011 Apr. 2; mean residual 0".66 Arkansas Sky Observatories H45

State vector (heliocentric equatorial J2000):

-5.911353163903 +0.375290224855 +2.435531643542 AU

-3.010195794659 -9.124211200712 -0.334858979012 mAU/day

MOIDs: Me 5.7528 Ve 5.3812 Ea 5.1241 Ma 4.4544

MOIDs: Ju 0.9535 Sa 2.1548 Ur 5.8927 Ne 5.8640

Elements written: 31 Mar 2017 17:15:17 (JD 2457844.218947)

Full range of obs: 2009 Nov. 25-2011 Apr. 2 (34 observations)

Find_Orb ver: Jan 17 2017 13:36:17

Perturbers: 00000060 ; not using JPL DE

Score: 1.157235

Comet C/2009 W1 – Hill *

Orbital elements: C/2009 W1

Perihelion 2008 May 13.265385 +/- 279 TT = 6:22:09 (JD 2454599.765385)
Epoch 2009 Nov 25.0 TT = JDT 2455160.5   Find_Orb

M 137.13311 +/- 90
n 0.24455974 +/- 0.311   Peri. 290.96707 +/- 60
a 2.53248023 +/- 2.14   Node   39.37180 +/- 40
e 0.2046680 +/- 0.211   Incl.   13.39825 +/- 4.3
P 4.03   U 12.0 SR
q 2.01416256 +/- 0.931   Q 3.05079791 +/- 1.64

***From 7 observations 2009 Nov. 25 (16.2 min); mean residual 0".45
Arkansas Sky Observatories H45**

State vector (heliocentric equatorial J2000):

-1.460203798035 +2.001479487960 +1.604914752822 AU

-8.326865349741 -3.657012071239 -0.964538597455 mAU/day

MOIDs: Me 1.6130 Ve 1.3005 Ea 1.0491 Ma 0.6957

MOIDs: Ju 2.4612 Sa 6.2266 Ur 15.3202 Ne 27.1346

Elements written: 31 Mar 2017 17:16:38 (JD 2457844.219884)

Full range of obs: 2009 Nov. 25 (16.2 min) (7 observations)

Find_Orb ver: Jan 17 2017 13:36:17

Perturbers: 00000001 ; not using JPL DE

Score: -0.256567

Comet C/2009 Y1 - Catalina

Orbital elements: C/2009 Y1

Perihelion 2011 Jan 28.907799 +/- 0.000256 TT = 21:47:13 (JD 2455590.407799)
Epoch 2011 Aug 6.0 TT = JDT 2455779.5

M   0.02476 +/- 0.000028
n   0.00013097 +/- 1.52e-7   Peri. 127.39513 +/- 0.000059
a 384.007524 +/- 0.298   Node 160.28096 +/- 0.000024
e   0.9934362 +/- 5.09e-6   Incl. 107.30623 +/- 0.000022
P 7525.05   M(N) 9.0   K 10.0   U 2.2
q 2.52052885 +/- 1.5e-6   Q 765.494520 +/- 0.598

**From 91 observations 2009 Dec. 28-2011 Aug. 6; mean residual 0".34
Arkansas Sky Observatories H45**

State vector (heliocentric equatorial J2000):

+3.005963903183 -0.974089785532 -0.589367558678 AU

+4.106879195591 -0.246047605473 -12.900468164189 mAU/day

MOIDs: Me 2.3046 Ve 2.0395 Ea 1.7967 Ma 1.5214

MOIDs: Ju 1.6605 Sa 1.1047 Ur 2.8307 Ne 9.3264

Elements written: 31 Mar 2017 17:18:56 (JD 2457844.221481)

Full range of obs: 2009 Dec. 28-2011 Aug. 6 (91 observations)

Find_Orb ver: Jan 17 2017 13:36:17

Perturbers: 00000060 ; not using JPL DE

Tisserand relative to Jupiter: -0.57110

Tisserand relative to Neptune: -0.16490

Score: 0.831731

Comet C/2010 B1 - Cardinal

Orbital elements: C/2010 B1

Perihelion 2011 Feb 7.074770 +/- 0.00037 TT = 1:47:40 (JD 2455599.574770)
Epoch 2011 Feb 6.0 TT = JDT 2455598.5

M 359.99999 +/- 0.00000006
n 0.00000614 +/- 4.97e-8   Peri. 211.52416 +/- 0.00009
a 2952.85223 +/- 16.3   Node 277.21360 +/- 0.000011
e 0.9990038 +/- 5.4e-6   Incl. 101.97631 +/- 0.000025
P 160458   M(N) 8.5   K 10.0   U 1.5
q 2.94146528 +/- 2.84e-6   Q 5902.76299 +/- 31.4

**From 147 observations 2010 Jan. 25-2011 Feb. 6; mean residual 0".21
Arkansas Sky Observatories**

State vector (heliocentric equatorial J2000):

-0.001908156811 +2.919340280802 -0.360253833365 AU

+3.419573569083 -1.719774887009 -13.654591640757 mAU/day

MOIDs: Me 2.6856 Ve 2.3110 Ea 2.0659 Ma 1.5261

MOIDs: Ju 1.9298 Sa 5.5562 Ur 4.4042 Ne 2.8721

Elements written: 31 Mar 2017 17:26:06 (JD 2457844.226458)

Full range of obs: 2010 Jan. 25-2011 Feb. 6 (147 observations)

Find_Orb ver: Jan 17 2017 13:36:17

Perturbers: 00000020 ; not using JPL DE

Tisserand relative to Jupiter: -0.43941

Tisserand relative to Neptune: -0.17334

Score: 0.708928

Comet C/2010 F1 - Boattini

Orbital elements: C/2010 F1

Perihelion 2009 Nov 10.702685 +/- 0.137 TT = 16:51:52 (JD 2455146.202685)
Epoch 2010 Apr 21.0 TT = JDT 2455307.5   Ju: 0.9350

M   0.28929 +/- 0.0058
n   0.00179352 +/- 3.64e-5   Peri. 127.54162 +/- 0.029
a   67.0910453 +/- 0.91   Node 344.39726 +/- 0.0050
e   0.9465272 +/- 0.000719   Incl. 64.92409 +/- 0.007
P 549.54   M(N) 10.8   K 10.0   U 5.9
q 3.58754263 +/- 0.000592   Q 130.594548 +/- 1.87

From 51 observations 2010 Mar. 19-Apr. 21; mean residual 0".60
Arkansas Sky Observatories H45

State vector (heliocentric equatorial J2000):

-3.298857026725 +0.906274512517 +1.780740209301 AU

-8.109760451561 +1.651433271585 -8.974628469898 mAU/day

MOIDs: Me 3.3217 Ve 3.0471 Ea 2.8715 Ma 2.3135

MOIDs: Ju 0.9350 Sa 3.1006 Ur 1.4672 Ne 6.5878

Elements written: 31 Mar 2017 17:29:56 (JD 2457844.229120)

Full range of obs: 2010 Mar. 19-Apr. 21 (51 observations)

Find_Orb ver: Jan 17 2017 13:36:17

Perturbers: 00000000 (unperturbed orbit); not using JPL DE

Tisserand relative to Jupiter: 1.05953

Tisserand relative to Neptune: 0.85667

Score: 1.074362

Comet C/2010 G1 - Boattini

Orbital elements: C/2010 G1

Perihelion 2010 Apr 2.969009 +/- 0.441 TT = 23:15:22 (JD 2455289.469009)
Epoch 2010 Apr 12.0 TT = JDT 2455298.5   Earth MOID: 0.2211   Ne: 0.0024

M   0.08979 +/- 0.09   Find_Orb
n   0.00994289 +/- 0.0128   Peri. 169.08787 +/- 0.46
a   21.4187551 +/- 3.1   Node   287.84667 +/- 0.26
e   0.9442155 +/- 0.0324   Incl.   78.41298 +/- 0.07
P   99.13   M(N) 14.5   K 10.0   U 9.8
q   1.19483313 +/- 0.00615   Q 41.6426771 +/- 4.31

From 23 observations 2010 Apr. 8-12; mean residual 0".34
Arkansas Sky Observatories H45

State vector (heliocentric equatorial J2000):

-0.362674063627 +1.039938912905 +0.483394750357 AU

-4.863673183242 +9.257406072226 -19.206178846633 mAU/day

MOIDs: Me 0.8815 Ve 0.4815 Ea 0.2211 Ma 0.4055

MOIDs: Ju 3.7108 Sa 4.0987 Ur 3.4279 Ne 0.0024

Elements written: 31 Mar 2017 17:31:22 (JD 2457844.230116)

Full range of obs: 2010 Apr. 8-12 (23 observations)

Find_Orb ver: Jan 17 2017 13:36:17

Perturbers: 00000000 (unperturbed orbit); not using JPL DE

Tisserand relative to Earth: 0.65895

Tisserand relative to Jupiter: 0.51134

Tisserand relative to Neptune: 1.51552

Barbee-style encounter velocity: 43.4661 km/s

Score: 0.809563

Comet C/2010 G2 - Hill

Orbital elements: C/2010 G2

Perihelion 2011 Sep 2.053369 +/- 0.0003 TT = 1:16:51 (JD 2455806.553369)
Epoch 2012 Feb 7.0 TT = JDT 2455964.5

M   0.16267 +/- 0.000041
n   0.00102994 +/- 2.64e-7   Peri. 137.42353 +/- 0.00008
a   97.1094194 +/- 0.0166   Node 246.78116 +/- 0.000035
e   0.9796036 +/- 3.48e-6   Incl. 103.75312 +/- 0.000039
P 956.96   M(N) 9.5   K 10.0   U 2.6
q 1.98067555 +/- 7.54e-7   Q 192.238163 +/- 0.0331

From 77 observations 2010 Apr. 13-2012 Feb. 7; mean residual 0".35 Arkansas Sky Observatories H45

\# State vector (heliocentric equatorial J2000):

\#   +1.207789316914 +2.426090528046 +0.055816522452 AU

\#   +4.230455338851 +6.642121070634 -12.380181146160 mAU/day

\# MOIDs: Me 1.7305 Ve 1.4002 Ea 1.1703 Ma 0.6903

\# MOIDs: Ju 2.5119 Sa 1.1168 Ur 1.9994 Ne 7.9436

\# Elements written: 31 Mar 2017 17:32:49 (JD 2457844.231123)

\# Full range of obs: 2010 Apr. 13-2012 Feb. 7 (77 observations)

\# Find_Orb ver: Jan 17 2017 13:36:17

\# Perturbers: 00000060 ; not using JPL DE

\# Tisserand relative to Jupiter: -0.35917

\# Tisserand relative to Neptune: 0.13794

\# Score: 0.842787

Comet C/2010 J2 - McNaught

Orbital elements: C/2010 J2

Perihelion 2010 Jun 30.863132 TT = 20:42:54 (JD 2455378.363132)
Epoch 2010 Jul 15.0 TT = JDT 2455392.5   Sa: 0.3217

M   0.92957
n   0.06575559   Peri. 10.05526
a   6.07921615   Node   310.50326
e   0.4707866   Incl. 123.01346
P   14.99   q 3.21720210 Q 8.94123021

**10 of 14 observations 2010 June 16-July 15; mean residual 0".26
Arkansas Sky Observatories H45**

State vector (heliocentric equatorial J2000):

+1.737431481293 -2.663881234334 -0.494075581544 AU

-6.287084331586 -5.792179153906 +7.882041981327 mAU/day

MOIDs: Me 2.8022 Ve 2.4997 Ea 2.2101 Ma 1.8375

MOIDs: Ju 1.8374 Sa 0.3217 Ur 9.6459 Ne 21.1550

Elements written: 31 Mar 2017 17:34:09 (JD 2457844.232049)

Full range of obs: 2010 June 16-July 15 (14 observations)

Find_Orb ver: Jan 17 2017 13:36:17

Perturbers: 00000000 (unperturbed orbit); not using JPL DE

Tisserand relative to Jupiter: -0.18322

Score: 0.823247

Comet C/2010 R1 - LINEAR

Orbital elements: C/2010 R1

Perihelion 2012 May 18.772182 +/- 0.0259 TT = 18:31:56 (JD 2456066.272182)
Epoch 2013 Apr 20.0 TT = JDT 2456402.5   Sa: 0.9095   Ur: 0.1560

q   5.62170833 +/- 8.66e-5
M(N) 6.2 K 10.0   Peri. 114.49291 +/- 0.0029
Node   343.65924 +/- 0.00023
e   1.0038202 +/- 3.74e-5   Incl. 156.93147 +/- 0.00012

From 56 observations 2012 May 23-2013 Apr. 20; mean residual 0".49 Arkansas Sky Observatories H45

State vector (heliocentric equatorial J2000):

-5.813413950477 -1.823482515039 +0.606430814641 AU

-5.446752296090 +8.160265854962 +0.776672482333 mAU/day

MOIDs: Me 5.2046 Ve 4.9434 Ea 4.6919 Ma 4.1858

MOIDs: Ju 1.2513 Sa 0.9095 Ur 0.1560 Ne 2.1182

Elements written: 31 Mar 2017 17:35:51 (JD 2457844.233229)

Full range of obs: 2012 May 23-2013 Apr. 20 (56 observations)

Find_Orb ver: Jan 17 2017 13:36:17

Perturbers: 00000000 (unperturbed orbit); not using JPL DE

Score: 0.991899

Comet C/2010 S1 - LINEAR

Orbital elements: C/2010 S1

Perihelion 2013 May 20.231031 +/- 0.00247 TT = 5:32:41 (JD 2456432.731031)
Epoch 2014 Jul 10.0 TT = JDT 2456848.5

q   5.89955985 +/- 1.4e-5
M(N) 3.1 K 10.0   Peri. 118.60414 +/- 0.00023
Node 93.43261 +/- 0.00006
e 1.0028535 +/- 1.49e-5   Incl. 125.33294 +/- 0.000029

From 400 observations 2010 Dec. 3-2014 July 10; mean residual 0".21
Arkansas Sky Observatories H45

State vector (heliocentric equatorial J2000):

+1.896249690594 -6.293284480311 -0.363047283820 AU

-3.644689206488 -3.844031577653 -7.873228305577 mAU/day

MOIDs: Me 5.6498 Ve 5.4246 Ea 5.2032 Ma 4.9745

MOIDs: Ju 2.1911 Sa 1.7925 Ur 1.5001 Ne 2.8150

Elements written: 31 Mar 2017 17:37:49 (JD 2457844.234595)

Full range of obs: 2010 Dec. 3-2014 July 10 (400 observations)

Find_Orb ver: Jan 17 2017 13:36:17

Perturbers: 00000060 ; not using JPL DE

Score: 0.713849

Comet C/2010 U3 - Boattini

Orbital elements: C/2010 U3

Perihelion 2019 Feb 25.816490 +/- 475 TT = 19:35:44 (JD 2458540.316490)
Epoch 2017 Feb 20.0 TT = JDT 2457804.5   Ur: 0.8033

q   8.44640108 +/- 1.63
M(N) 2.6 K 10.0   Peri.   88.05339 +/- 60
Node   43.07027 +/- 18
e   1.0015015 +/- 0.245   Incl.   55.51043 +/- 27

From 31 observations 2013 Sept. 5-2017 Feb. 20; mean residual 0".38 Arkansas Sky Observatories H45

State vector (heliocentric equatorial J2000):

+1.719656450219 +4.236646524851 +8.309291072687 AU

-6.488039732001 -4.467111205912 +0.635392407238 mAU/day

MOIDs: Me 8.2312 Ve 8.0314 Ea 7.9294 Ma 7.5860

MOIDs: Ju 6.3287 Sa 4.1166 Ur 0.8033 Ne 8.6915

Elements written: 31 Mar 2017 17:42:04 (JD 2457844.237546)

Full range of obs: 2013 Sept. 5-2017 Feb. 20 (31 observations)

Find_Orb ver: Jan 17 2017 13:36:17

Perturbers: 00000060 ; not using JPL DE

Score: 0.876538

Comet C/2010 X1 - Elenin

Orbital elements: C/2010 X1

Perihelion 2011 Sep 10.722327 +/- 0.000832 TT = 17:20:09 (JD 2455815.222327)
Epoch 2011 Jun 1.0 TT = JDT 2455713.5
Earth MOID: 0.0306   Ju: 0.1484

q 0.48243820 +/- 8.73e-6   Ve: 0.0378 Me: 0.0612 Ma: 0.0409
M(N) 11.0 K 10.0   Peri. 343.80375 +/- 0.0023
Node   323.23009 +/- 0.0024
e   1.0000396 +/- 4.32e-6   Incl.   1.83925 +/- 0.00012

From 81 observations 2011 Jan. 3-June 1; mean residual 0".24
Arkansas Sky Observatories H45

State vector (heliocentric equatorial J2000):

-2.014797888960 -0.159356578179 -0.116702681974 AU

+15.650179940536 -6.367074584176 -2.625638154389 mAU/day

MOIDs: Me 0.0612 Ve 0.0378 Ea 0.0306 Ma 0.0409

MOIDs: Ju 0.1484 Sa 0.2875 Ur 0.1999 Ne 0.1317

Elements written: 31 Mar 2017 17:43:52 (JD 2457844.238796)

Full range of obs: 2011 Jan. 3-June 1 (81 observations)

Find_Orb ver: Jan 17 2017 13:36:17

Perturbers: 00000000 (unperturbed orbit); not using JPL DE

Earth encounter velocity 30.5428 km/s

Barbee-style encounter velocity: 65.5811 km/s

Score: 0.738133

Comet C/2011 A3 - Gibbs

Orbital elements: C/2011 A3

Perihelion 2011 Dec 16.066650 +/- 0.00497 TT = 1:35:58 (JD 2455911.566650)
Epoch 2011 Jun 20.0 TT = JDT 2455732.5   Ur: 0.2248

M 359.99596 +/- 0.00013
n 0.00002253 +/- 7.43e-7   Peri. 141.16074 +/- 0.0010
a 1241.22257 +/- 27.4   Node 124.89705 +/- 0.00048
e 0.9981109 +/- 4.16e-5   Incl. 26.07407 +/- 0.00011
P 43729   M(N) 9.3   K 10.0   U 3.3
q 2.34467433 +/- 4.76e-5   Q 2480.10047 +/- 54.9

From 71 observations 2011 Jan. 30-June 20; mean residual 0".25
Arkansas Sky Observatories H45

State vector (heliocentric equatorial J2000):

-2.434985187297 -1.700223753941 +0.716976585378 AU

+11.249172989081 -6.276185178632 -5.247915647711 mAU/day

MOIDs: Me 1.9156 Ve 1.6581 Ea 1.3847 Ma 1.0223

MOIDs: Ju 1.5295 Sa 1.2814 Ur 0.2248 Ne 1.2917

Elements written: 31 Mar 2017 17:47:12 (JD 2457844.241111)

Full range of obs: 2011 Jan. 30-June 20 (71 observations)

Find_Orb ver: Jan 17 2017 13:36:17

Perturbers: 00000000 (unperturbed orbit); not using JPL DE

Tisserand relative to Jupiter: 1.70881

Tisserand relative to Neptune: 0.73333

Score: 0.749099

Comet C/2011 F1 - LINEAR

Orbital elements: C/2011 F1

Perihelion 2013 Jan 8.028608 +/- 0.00158 TT = 0:41:11 (JD 2456300.528608)
Epoch 2012 Jun 15.0 TT = JDT 2456093.5
Earth MOID: 0.8168   Find_Orb

q   1.81900400 +/- 5.04e-6
M(N) 6.4 K 10.0   Peri. 192.56087 +/- 0.00020
Node   85.11659 +/- 0.000058
e   1.0000841 +/- 6.03e-6   Incl. 56.61135 +/- 0.000012

From 159 observations 2011 Apr. 2-2012 June 15; mean residual 0".21
Arkansas Sky Observatories H45

State vector (heliocentric equatorial J2000):

-1.658906357469 -1.919260436420 +1.751448445472 AU

+6.214536247739 -2.237335824248 -12.180697876561 mAU/day

MOIDs: Me 1.3578 Ve 1.1011 Ea 0.8168 Ma 0.3710

MOIDs: Ju 3.4330 Sa 4.8237 Ur 6.4036 Ne 6.1417

Elements written: 31 Mar 2017 18:12:05 (JD 2457844.258391)

Full range of obs: 2011 Apr. 2-2012 June 15 (159 observations)

Find_Orb ver: Jan 17 2017 13:36:17

Perturbers: 00000060 ; not using JPL DE

Score: 0.711355

Comet C/2011 G1 - McNaught

Orbital elements: C/2011 G1

Perihelion 2011 Sep 16.275494 +/- 0.0379 TT = 6:36:42 (JD 2455820.775494)
Epoch 2012 Feb 25.0 TT = JDT 2455982.5

M   0.00139 +/- 0.0017
n   0.00000862 +/- 7.48e-6   Peri. 354.49116 +/- 0.016
a 2355.23245 +/- 1346   Node 152.57925 +/- 0.0033
e   0.9990852 +/- 0.000527   Incl. 162.23072 +/- 0.0007
P 114301   M(N) 12.8   K 10.0   U 4.8
q 2.15445123 +/- 0.000194   Q 4708.31046 +/- 910

**From 34 observations 2012 Jan. 2-Feb. 25; mean residual 0".41
Arkansas Sky Observatories H45**

State vector (heliocentric equatorial J2000):

-0.511232815599 +2.203355021919 +1.710816902130 AU

+10.978797937442 +6.169876419064 +7.067820166627 mAU/day

MOIDs: Me 1.7991 Ve 1.4393 Ea 1.1650 Ma 0.4968

MOIDs: Ju 1.6015 Sa 2.4185 Ur 3.1023 Ne 4.0114

Elements written: 31 Mar 2017 18:13:39 (JD 2457844.259479)

Full range of obs: 2012 Jan. 2-Feb. 25 (34 observations)

Find_Orb ver: Jan 17 2017 13:36:17

Perturbers: 00000000 (unperturbed orbit); not using JPL DE

Tisserand relative to Jupiter: -1.73058

Tisserand relative to Neptune: -0.70805

Score: 0.905126

Comet C/2011 J2 - LINEAR

Orbital elements: C/2011 J2

Perihelion 2013 Dec 25.394207 +/- 0.00039 TT = 9:27:39 (JD 2456651.894207)
Epoch 2014 Nov 20.0 TT = JDT 2456981.5   Ju: 0.5554

q   3.44370165 +/- 2e-6
M(N) 6.6 K 10.0   Peri.   85.31253 +/- 0.00006
Node   163.94535 +/- 0.000014
e   1.0007054 +/- 4.18e-6   Incl. 122.80081 +/- 0.000015

236 of 248 observations 2013 Jan. 18-2014 Nov. 20; mean residual 0".27
Arkansas Sky Observatories H45

State vector (heliocentric equatorial J2000):

+3.952327642145 -0.559200032675 +2.184501235021 AU

+9.229761828189 -3.313191865795 -5.827203055076 mAU/day

MOIDs: Me 3.2626 Ve 3.0906 Ea 3.0046 Ma 2.6969

MOIDs: Ju 0.5554 Sa 1.1684 Ur 8.4219 Ne 15.9821

Elements written: 31 Mar 2017 18:15:25 (JD 2457844.260706)

Full range of obs: 2013 Jan. 18-2014 Nov. 20 (248 observations)

Find_Orb ver: Jan 17 2017 13:36:17

Perturbers: 00000060 ; not using JPL DE

Score: 0.771594

Comet C/2011 KP36 - Spacewatch

Orbital elements: C/2011 KP36

Perihelion 2016 May 26.745254 +/- 0.00372 TT = 17:53:10 (JD 2457535.245254)
Epoch 2017 Jan 8.0 TT = JDT 2457761.5   Ju: 0.0750

M 0.93597 +/- 0.00015
n 0.00413682 +/- 7.48e-7   Peri. 180.57923 +/- 0.00045
a 38.4318637 +/- 0.00464   Node 173.39964 +/- 0.00014
e 0.8729394 +/- 1.49e-5   Incl. 18.98640 +/- 0.000034
P 238.25   M(N) 5.4   K 10.0   U 3.3
q 4.88317241 +/- 1.83e-5   Q 71.9805550 +/- 0.00926

From 35 observations 2013 July 5-2017 Jan. 8; mean residual 0".38
Arkansas Sky Observatories H45

State vector (heliocentric equatorial J2000):

+4.784572681391 +1.905820091357 -0.027293144232 AU

-1.604502276492 +10.191783477700 +0.874839331713 mAU/day

MOIDs: Me 4.5223 Ve 4.1575 Ea 3.8779 Ma 3.4962

MOIDs: Ju 0.0750 Sa 2.7172 Ur 4.8928 Ne 5.1089

Elements written: 31 Mar 2017 18:17:05 (JD 2457844.261863)

Full range of obs: 2013 July 5-2017 Jan. 8 (35 observations)

Find_Orb ver: Jan 17 2017 13:36:17

Perturbers: 00000060 ; not using JPL DE

Tisserand relative to Jupiter: 2.64271

Tisserand relative to Neptune: 1.82541

Score: 0.813970

Comet C/2011 L4 - PANSTARRS

Orbital elements: C/2011 L4

Perihelion 2013 Mar 10.143842 +/- 0.000199 TT = 3:27:08 (JD 2456361.643842)
Epoch 2014 Jul 1.0 TT = JDT 2456839.5
Earth MOID: 0.6589 Ju: 0.1083

q 0.30198578 +/- 2.44e-6   Me: 0.0125 Sa: 0.7525 Find_Orb
M(N) 7.2 K 10.0   Peri. 333.67302 +/- 0.00021
Node   65.69455 +/- 0.00008
e 1.0000442 +/- 1.43e-6   Incl. 84.18828 +/- 0.000041

**From 243 observations 2013 May 14-2014 July 1; mean residual 0".33
Arkansas Sky Observatories H45**

State vector (heliocentric equatorial J2000):

-2.118691117645 -5.158817755522 +3.214646551780 AU

-3.629696326437 -8.396405528892 +2.882481617710 mAU/day

MOIDs: Me 0.0125 Ve 0.3970 Ea 0.6589 Ma 0.6604

MOIDs: Ju 0.1083 Sa 0.7525 Ur 3.7344 Ne 6.7962

Elements written: 31 Mar 2017 18:18:42 (JD 2457844.262986)

Full range of obs: 2013 May 14-2014 July 1 (243 observations)

Find_Orb ver: Jan 17 2017 13:36:17

Perturbers: 00000060 ; not using JPL DE

Earth encounter velocity 50.5814 km/s

Barbee-style encounter velocity: 80.7027 km/s

Score: 0.827036

Comet C/2011 R1 - McNaught

Orbital elements: C/2011 R1

Perihelion 2012 Oct 19.611672 +/- 0.0056 TT = 14:40:48 (JD 2456220.111672)
Epoch 2013 Jun 15.0 TT = JDT 2456458.5   Sa: 0.3897

q   2.07943295 +/- 5e-5
M(N) 9.2 K 10.0   Peri. 308.85412 +/- 0.0026
Node 221.40879 +/- 0.00027
e   1.0008121 +/- 6.47e-5   Incl. 116.19367 +/- 0.0008

**From 82 observations 2013 Mar. 12-June 15; mean residual 0".27
Arkansas Sky Observatories H45**

State vector (heliocentric equatorial J2000):

-2.730051139116 -1.935641305388 +0.621045315490 AU

-5.913713967447 -2.428473347693 +11.537754870420 mAU/day

MOIDs: Me 1.7300 Ve 1.5485 Ea 1.3126 Ma 0.8636

MOIDs: Ju 1.9435 Sa 0.3897 Ur 3.8305 Ne 9.5246

Elements written: 31 Mar 2017 18:20:13 (JD 2457844.264039)

Full range of obs: 2013 Mar. 12-June 15 (82 observations)

Find_Orb ver: Jan 17 2017 13:36:17

Perturbers: 00000000 (unperturbed orbit); not using JPL DE

Score: 0.768756

Comet C/2011 UF305 - LINEAR

Orbital elements: C/2011 UF305

Perihelion 2012 Jul 22.162535 +/- 0.0018 TT = 3:54:03 (JD 2456130.662535)
Epoch 2013 Apr 10.0 TT = JDT 2456392.5 Sa: 0.4136

q 2.13827354 +/- 1.77e-5
M(N) 10.3 K 10.0   Peri. 121.99700 +/- 0.0008
Node 297.43734 +/- 0.000037
e 1.0005887 +/- 2.65e-5   Incl. 93.97343 +/- 0.00041

From 168 observations 2012 Nov. 20-2013 Apr. 10; mean residual 0".26 Arkansas Sky Observatories H45

State vector (heliocentric equatorial J2000):

-1.468237353904 +3.295577428574 +0.003704306437 AU

-1.112073586536 +8.467539136424 -9.549012285227 mAU/day

MOIDs: Me 1.9213 Ve 1.6652 Ea 1.4925 Ma 0.9577

MOIDs: Ju 1.7377 Sa 0.4136 Ur 5.7289 Ne 12.5671

Elements written: 31 Mar 2017 18:22:34 (JD 2457844.265671)

Full range of obs: 2012 Nov. 20-2013 Apr. 10 (168 observations)

Find_Orb ver: Jan 17 2017 13:36:17

Perturbers: 00000020 ; not using JPL DE

Score: 0.763185

Comet C/2012 A2 - LINEAR

Orbital elements: C/2012 A2

Perihelion 2012 Nov 5.168578 +/- 0.00158 TT = 4:02:45 (JD 2456236.668578)
Epoch 2013 Sep 25.0 TT = JDT 2456560.5   Ju: 0.7255   Sa: 0.7512

M   0.01097 +/- 0.00010   Find_Orb
n   0.00003388 +/- 3.29e-7   Peri. 101.69595 +/- 0.00028
a 945.859363 +/- 9.5   Node 191.41322 +/- 0.00010
e   0.9962596 +/- 2.64e-5   Incl. 125.86376 +/- 0.00007
P 29089   M(N) 7.9   K 10.0   U 2.7
q 3.53786722 +/- 1.3e-5   Q 1888.18086 +/- 18.8

From 297 observations 2012 Jan. 23-2013 Sept. 25; mean residual 0".25
Arkansas Sky Observatories H45

State vector (heliocentric equatorial J2000):

+3.964194617596 +1.114413314100 +1.969066641883 AU

+9.377562298174 +0.081561467743 -6.434442136058 mAU/day

MOIDs: Me 3.3404 Ve 3.1404 Ea 3.0043 Ma 2.7604

MOIDs: Ju 0.7255 Sa 0.7512 Ur 5.9817 Ne 14.5028

Elements written: 31 Mar 2017 18:25:10 (JD 2457844.267477)

Full range of obs: 2012 Jan. 23-2013 Sept. 25 (297 observations)

Find_Orb ver: Jan 17 2017 13:36:17

Perturbers: 00000060 ; not using JPL DE

Tisserand relative to Jupiter: -1.35960

Tisserand relative to Neptune: -0.53607

Score: 0.749064

Comet C/2012 B3 – La Sagra

Orbital elements: C/2012 B3

Perihelion 2011 Nov 14.706327 +/- 11.6 TT = 16:57:06 (JD 2455880.206327)
Epoch 2012 May 26.0 TT = JDT 2456073.5

M   1.60642 +/- 4.4
n   0.00831081 +/- 0.0161   Peri. 43.38463 +/- 3.3
a   24.1383216 +/- 31.1   Node 249.74080 +/- 1.9
e   0.8620847 +/- 0.175   Incl. 106.65404 +/- 0.23
P 118.59   U 10.0
q 3.32904383 +/- 0.0807   Q 44.9475993 +/- 25.2

From 20 observations 2012 May 23-26; mean residual 0".30
Arkansas Sky Observatories H45

State vector (heliocentric equatorial J2000):

-1.151006522826 -1.462251171873 +3.227481276890 AU

+2.401765885584 +7.925165356967 +8.832913872576 mAU/day

MOIDs: Me 2.9787 Ve 2.7498 Ea 2.5173 Ma 2.0918

MOIDs: Ju 1.4549 Sa 3.5261 Ur 1.4620 Ne 7.4133

Elements written: 31 Mar 2017 18:26:36 (JD 2457844.268472)

Full range of obs: 2012 May 23-26 (20 observations)

Find_Orb ver: Jan 17 2017 13:36:17

Perturbers: 00000000 (unperturbed orbit); not using JPL DE

Tisserand relative to Jupiter: -0.41006

Tisserand relative to Neptune: 0.98544

Score: 0.735099

Comet C/2012 F3 - PANSTARRS

Orbital elements: C/2012 F3

Perihelion 2015 Apr 6.701149 +/- 0.0114 TT = 16:49:39 (JD 2457119.201149)
Epoch 2015 Jun 7.0 TT = JDT 2457180.5   Ju: 0.2328   Sa: 0.3400

q 3.45685157 +/- 3.01e-5
M(N) 6.9 K 10.0   Peri. 104.02558 +/- 0.0023
Node 164.61247 +/- 0.00042
e 1.0018963 +/- 4.42e-5   Incl. 11.35464 +/- 0.000058

From 33 observations 2014 Mar. 13-2015 June 7; mean residual 0".26 Arkansas Sky Observatories H45

State vector (heliocentric equatorial J2000):

+0.733778833630 -3.335874450510 -0.777739677116 AU

+12.926372253947 +1.365377630752 -0.390350430249 mAU/day

MOIDs: Me 3.0113 Ve 2.7491 Ea 2.4669 Ma 2.0511

MOIDs: Ju 0.2328 Sa 0.3400 Ur 1.7176 Ne 3.4326

Elements written: 31 Mar 2017 18:29:13 (JD 2457844.270289)

Full range of obs: 2014 Mar. 13-2015 June 7 (33 observations)

Find_Orb ver: Jan 17 2017 13:36:17

Perturbers: 00000060 ; not using JPL DE

Score: 0.762561

Comet C/2012 F6 - Lemmon

Orbital elements: C/2012 F6

Perihelion 2013 Mar 24.511206 +/- 0.000235 TT = 12:16:08 (JD 2456376.011206)
Epoch 2013 Nov 20.0 TT = JDT 2456616.5
Earth MOID: 0.0726   Ju: 0.9030

M 0.02275 +/- 0.000053   Find_Orb
n 0.00009461 +/- 2.21e-7   Peri. 304.98281 +/- 0.00006
a 476.963044 +/- 0.748   Node   332.71837 +/- 0.00009
e 0.9984669 +/- 2.4e-6   Incl.   82.61020 +/- 0.000054
P 10416   M(N) 7.4   K 10.0   U 2.5
q 0.73118929 +/- 8.52e-7   Q 953.194899 +/- 1.49

From 215 observations 2012 Nov. 25-2013 Nov. 20; mean residual 0".32
Arkansas Sky Observatories H45

\# State vector (heliocentric equatorial J2000):

\# +1.211957951119 -1.483913230126 +3.117032845057 AU

\# -0.939429137057 -2.840431796502 +12.336255814967 mAU/day

\# MOIDs: Me 0.4239 Ve 0.1555 Ea 0.0726 Ma 0.4254

\# MOIDs: Ju 0.9030 Sa 3.0036 Ur 8.8362 Ne 16.8905

\# Elements written: 31 Mar 2017 18:30:52 (JD 2457844.271435)

\# Full range of obs: 2012 Nov. 25-2013 Nov. 20 (215 observations)

\# Find_Orb ver: Jan 17 2017 13:36:17

\# Perturbers: 00000020 ; not using JPL DE

\# Tisserand relative to Earth: 0.31305

\# Tisserand relative to Jupiter: 0.14723

\# Tisserand relative to Neptune: 0.11975

\# Earth encounter velocity 49.1757 km/s

\# Barbee-style encounter velocity: 49.4440 km/s
\# Score: 0.815211

The striking wide-field portrait of comet C/2012 F6 from August 17, 2013
Using the wide-field ASO 15cm astrograph @ f/4 – 75-sec exposure.
P. Clay Sherrod, Arkansas Sky Observatories

Comet C/2012 J1 - Catalina

Orbital elements: C/2012 J1

Perihelion 2012 Dec 7.561045 +/- 0.000349 TT = 13:27:54 (JD 2456269.061045)
Epoch 2014 Jan 20.0 TT = JDT 2456677.5   Ne: 0.7052

q   3.15984336 +/- 2.06e-6
M(N) 7.1 K 10.0   Peri. 147.37809 +/- 0.00007
Node 235.16847 +/- 0.000014
e   1.0036070 +/- 3.27e-6   Incl. 34.12535 +/- 0.000011

From 380 observations 2012 July 18-2014 Jan. 20; mean residual 0".20
Arkansas Sky Observatories H45

State vector (heliocentric equatorial J2000):

-0.059948559761 +4.920885975561 +0.164715106448 AU

-7.882137105068 +6.613603244590 -3.829045902709 mAU/day

MOIDs: Me 2.8553 Ve 2.4846 Ea 2.2204 Ma 1.8018

MOIDs: Ju 1.3844 Sa 3.0841 Ur 2.8414 Ne 0.7052

Elements written: 31 Mar 2017 18:32:29 (JD 2457844.272558)

Full range of obs: 2012 July 18-2014 Jan. 20 (380 observations)

Find_Orb ver: Jan 17 2017 13:36:17

Perturbers: 00000060 ; not using JPL DE

Score: 0.704136

Comet C/2012 K1 - PANSTARRS

Orbital elements: C/2012 K1

Perihelion 2014 Aug 27.657584 +/- 8.65e-5 TT = 15:46:55 (JD 2456897.157584)
Epoch 2014 Jun 16.0 TT = JDT 2456824.5
Earth MOID: 0.1071   Ur: 0.5180

q   1.05452553 +/- 1.63e-6   Ne: 0.5554   Find_Orb
M(N) 6.6 K 10.0   Peri. 203.10950 +/- 0.00011
Node   317.73826 +/- 0.000038
e   1.0001817 +/- 1.48e-6   Incl. 142.42814 +/- 0.000008

From 283 observations 2012 June 1-2014 June 16; mean residual 0".18 Arkansas Sky Observatories H45

State vector (heliocentric equatorial J2000):

-1.407408358920 -0.235376344742 +0.662170592782 AU

+7.149848718581 +17.290479375371 -5.116965759999 mAU/day

MOIDs: Me 0.7510 Ve 0.3732 Ea 0.1071 Ma 0.5138

MOIDs: Ju 1.5057 Sa 1.3104 Ur 0.5180 Ne 0.5554

Elements written: 31 Mar 2017 18:33:57 (JD 2457844.273576)

Full range of obs: 2012 June 1-2014 June 16 (283 observations)

Find_Orb ver: Jan 17 2017 13:36:17

Perturbers: 00000060 ; not using JPL DE

Barbee-style encounter velocity: 24.8628 km/s

Score: 0.683480

Comet C/2012 K5 - LINEAR

Orbital elements: C/2012 K5

Perihelion 2012 Nov 28.685948 +/- 8.5e-5 TT = 16:27:45 (JD 2456260.185948)
Epoch 2013 Mar 3.0 TT = JDT 2456354.5
Earth MOID: 0.2933   Sa: 0.4836

M   0.00426 +/- 0.000014   Find_Orb
n   0.00004523 +/- 1.5e-7   Peri. 139.28762 +/- 0.000044
a   780.137922 +/- 1.74   Node 279.03882 +/- 0.000022
e   0.9985364 +/- 3.24e-6   Incl. 92.84933 +/- 0.000036
P   21789   M(N) 13.0   K 10.0   U 2.2
q   1.14178055 +/- 2.59e-7   Q 1559.13406 +/- 3.45

From 220 observations 2012 June 15-2013 Mar. 3; mean residual 0".46
Arkanas Sky Observatories H45

State vector (heliocentric equatorial J2000):

-0.183564925749 +1.788766567251 -0.380312598035 AU

+0.747767733973 +8.004974469549 -16.030792644743 mAU/day

MOIDs: Me 0.8747 Ve 0.5268 Ea 0.2933 Ma 0.2875

MOIDs: Ju 1.2636 Sa 0.4836 Ur 3.9721 Ne 9.5317

Elements written: 31 Mar 2017 18:35:27 (JD 2457844.274618)

Full range of obs: 2012 June 15-2013 Mar. 3 (220 observations)

Find_Orb ver: Jan 17 2017 13:36:17

Perturbers: 00000020 ; not using JPL DE

Tisserand relative to Earth: -0.14890

Tisserand relative to Jupiter: -0.05917

Tisserand relative to Neptune: 0.01116

Barbee-style encounter velocity: 49.3893 km/s

Score: 0.956905

Tiny classically shaped comet C/2012 K5 from Arkansas Sky Observatories.
The small and thin comet is seen just above center in this high resolution photograph
With very thin linear tail projecting to south

Comet C/2012 L2 - LINEAR

Orbital elements: C/2012 L2

Perihelion 2013 May 9.324922 +/- 0.000243 TT = 7:47:53 (JD 2456421.824922)
Epoch 2013 Mar 28.0 TT = JDT 2456379.5
Earth MOID: 0.5837   Ma: 0.0254

M 359.99706 +/- 0.000010   Ne: 0.3608   Find_Orb
n 0.00006945 +/- 2.36e-7   Peri. 205.77782 +/- 0.00020
a 586.117518 +/- 1.31   Node 270.30089 +/- 0.00007
e 0.9974260 +/- 5.81e-6   Incl. 70.98219 +/- 0.00006
P 14189   M(N) 10.4   K 10.0   U 2.5
q 1.50864838 +/- 3.55e-6   Q 1170.72638 +/- 2.59

**From 351 observations 2012 Nov. 8-2013 Mar. 28; mean residual 0".17
Arkansas Sky Observatories H45**

State vector (heliocentric equatorial J2000):

+0.033397283057 +1.432865300986 +0.753641559640 AU

-6.100725743396 +3.810387384704 -17.698434392173 mAU/day

MOIDs: Me 1.2336 Ve 0.8400 Ea 0.5837 Ma 0.0254

MOIDs: Ju 3.2494 Sa 3.3678 Ur 1.9487 Ne 0.3608

Elements written: 31 Mar 2017 18:42:07 (JD 2457844.279248)

Full range of obs: 2012 Nov. 8-2013 Mar. 28 (351 observations)

Find_Orb ver: Jan 17 2017 13:36:17

Perturbers: 00000020 ; not using JPL DE

Tisserand relative to Jupiter: 0.50485

Tisserand relative to Neptune: 0.25762

Score: 0.670803

Comet C/2012 S1 - ISON

Orbital elements: C/2012 S1

Perihelion 2013 Nov 28.679141 +/- 0.00332 TT = 16:17:57 (JD 2456625.179141)
Epoch 2013 May 1.0 TT = JDT 2456413.5
Earth MOID: 0.0053   Ju: 0.6870

q 0.01244261 +/- 1.33e-6   Ve: 0.0355 Me: 0.0779 Ma: 0.0668
M(N) 6.4 K 10.0   Peri. 345.55887 +/- 0.0008
Node   295.65386 +/- 0.0011
e   1.0000102 +/- 1.18e-7   Incl. 62.34844 +/- 0.006

From 282 observations 2012 Oct. 30-2013 May 1; mean residual 4".70*
Arkansas Sky Observatories H45
*Including perturbed orbital change

State vector (heliocentric equatorial J2000):

-1.445017472049 +3.100893338986 +1.865153186601 AU

+4.236594600218 -9.604552218898 -6.475788350050 mAU/day

MOIDs: Me 0.0779 Ve 0.0355 Ea 0.0053 Ma 0.0668

MOIDs: Ju 0.6870 Sa 1.4369 Ur 3.1461 Ne 5.9875

Elements written: 31 Mar 2017 18:38:41 (JD 2457844.276863)

Full range of obs: 2012 Oct. 30-2013 May 1 (282 observations)

Find_Orb ver: Jan 17 2017 13:36:17

Perturbers: 00000020 ; not using JPL DE

Earth encounter velocity 50.6849 km/s

Perihelion (288.839, -12.762)

Barbee-style encounter velocity: 39.7464 km/s

Score: 5.202803

Comet ISON C/2012 S1 – A predicted spectacular sight that never developed. Comet is seen slight to the right of center in this image and shows a short tail to the left (east) from a very condensed coma. Comet ISON never lived up to predicted brightening and the naked eye spectacle that many had projected. Arkansas Sky Observatories H45

Comet C/2012 S3 - PANSTARRS

Orbital elements: C/2012 S3

Perihelion 2013 Aug 31.128188 +/- 0.000209 TT = 3:04:35 (JD 2456535.628188)
Epoch 2013 Aug 15.0 TT = JDT 2456519.5

q   2.30808197 +/- 2.24e-6
M(N) 11.1 K 10.0   Peri. 183.75012 +/- 0.00009
Node   121.30549 +/- 0.000016
e   1.0007626 +/- 9.99e-6   Incl. 112.93177 +/- 0.000042

117 of 119 observations 2012 Nov. 18-2013 Aug. 15; mean residual 0".37
Arkansas Sky Observatories H45

State vector (heliocentric equatorial J2000):

+1.237365950197 -1.832356532644 -0.687018568741 AU

-5.403315467214 +3.008459255405 -14.746730370391 mAU/day

MOIDs: Me 1.8709 Ve 1.5801 Ea 1.2937 Ma 0.9046

MOIDs: Ju 2.8070 Sa 7.6623 Ur 11.0860 Ne 13.5690

Elements written: 31 Mar 2017 18:45:52 (JD 2457844.281852)

Full range of obs: 2012 Nov. 18-2013 Aug. 15 (119 observations)

Find_Orb ver: Jan 17 2017 13:36:17

Perturbers: 00000020 ; not using JPL DE

Score: 0.872689

Comet C/2012 S4 - PANSTARRS

Orbital elements: C/2012 S4

Perihelion 2013 Jun 28.084005 +/- 0.00237 TT = 2:00:58 (JD 2456471.584005)
Epoch 2013 Oct 26.0 TT = JDT 2456591.5   Ju: 0.5046

q   4.34871811 +/- 8.76e-6
M(N) 8.7 K 10.0   Peri. 163.62403 +/- 0.00034
Node   173.10266 +/- 0.000021
e   1.0001933 +/- 1.13e-5   Incl. 126.54541 +/- 0.000040

From 191 observations 2012 Nov. 8-2013 Oct. 26; mean residual 0".39
Arkansas Sky Observatories H45

State vector (heliocentric equatorial J2000):

+4.415294860469 -0.521422879312 -0.345207005729 AU

+0.639049672882 -2.707572825072 -11.179846495929 mAU/day

MOIDs: Me 4.0139 Ve 3.6505 Ea 3.3699 Ma 2.9989

MOIDs: Ju 0.5046 Sa 5.1048 Ur 9.9726 Ne 11.2374

Elements written: 31 Mar 2017 18:47:48 (JD 2457844.283194)

Full range of obs: 2012 Nov. 8-2013 Oct. 26 (191 observations)

Find_Orb ver: Jan 17 2017 13:36:17

Perturbers: 00000020 ; not using JPL DE

Score: 0.890329

Nearly all comets routinely cataloged and measured at ASO are similar to C/2012 S4 shown in this image; they are very small and routinely only slightly diffuse, making them very difficult to discern from a dense star field. Nearly all comets cataloged in the past 20 years have been nearly stellar and faint, reaching only less than 18th magnitude

Comet C/2012 T5 - Bressi

Orbital elements: C/2012 T5

Perihelion 2013 Feb 24.046212 +/- 0.0433 TT = 1:06:32 (JD 2456347.546212)
Epoch 2012 Dec 13.0 TT = JDT 2456274.5
 Earth MOID: 0.4200   Me: 0.0802

q   0.32264391 +/- 0.00072
M(N) 15.9 K 10.0   Peri. 318.11743 +/- 0.09
Node 230.59041 +/- 0.017
e   1.0002225 +/- 0.000893   Incl. 72.03765 +/- 0.24

From 38 observations 2012 Nov. 17-Dec. 13; mean residual 0".54
Arkansas Sky Observatories H45

State vector (heliocentric equatorial J2000):

+0.964731295278 +1.325264608720 +0.262465661901 AU

-12.760844207366 -10.035683867232 -9.651425920148 mAU/day

MOIDs: Me 0.0802 Ve 0.3314 Ea 0.4200 Ma 0.3199

MOIDs: Ju 1.0459 Sa 3.2071 Ur 8.3974 Ne 14.5024

Elements written: 31 Mar 2017 18:49:09 (JD 2457844.284132)

Full range of obs: 2012 Nov. 17-Dec. 13 (38 observations)

Find_Orb ver: Jan 17 2017 13:36:17

Perturbers: 00000000 (unperturbed orbit); not using JPL DE

Earth encounter velocity 47.4835 km/s

Barbee-style encounter velocity: 51.7226 km/s

Score: 1.034186

Comet C/2012 U1 - PANSTARRS

Orbital elements: C/2012 U1

Perihelion 2014 Jul 5.514051 +/- 0.995 TT = 12:20:14 (JD 2456844.014051)
Epoch 2014 Jan 20.0 TT = JDT 2456677.5   Sa: 0.8855

q   5.26289201 +/- 0.00278
M(N) 8.4 K 10.0   Peri.   70.14536 +/- 0.13
Node   26.98026 +/- 0.010
e   1.0002158 +/- 0.000882   Incl. 56.33867 +/- 0.008

**From 16 observations 2013 Nov. 28-2014 Jan. 20; mean residual 0".12
Arkansas Sky Observatories H45**

State vector (heliocentric equatorial J2000):

+1.954583893070 +1.923703693629 +4.661451831984 AU

-9.417857271530 -3.172714859704 +3.267726948307 mAU/day

MOIDs: Me 5.0570 Ve 4.8297 Ea 4.6753 Ma 4.3612

MOIDs: Ju 2.2067 Sa 0.8855 Ur 1.4517 Ne 8.7465

Elements written: 31 Mar 2017 18:50:31 (JD 2457844.285081)

Full range of obs: 2013 Nov. 28-2014 Jan. 20 (16 observations)

Find_Orb ver: Jan 17 2017 13:36:17

Perturbers: 00000000 (unperturbed orbit); not using JPL DE

Score: 0.620911

Comet C/2012 V2 - LINEAR

Orbital elements: C/2012 V2

Perihelion 2013 Aug 16.506135 +/- 0.00118 TT = 12:08:50 (JD 2456521.006135)
Epoch 2013 Mar 5.0 TT = JDT 2456356.5
Earth MOID: 0.5905 Ma: 0.0757

M 359.98862 +/- 0.00008   Find_Orb
n 0.00006914 +/- 5.24e-7   Peri. 217.33230 +/- 0.00059
a 587.913281 +/- 2.97   Node 262.16546 +/- 0.00028
e 0.9975258 +/- 1.25e-5   Incl. 67.18444 +/- 0.00014
P 14255   M(N) 10.3   K 10.0   U 3.0
q 1.45456973 +/- 1.35e-5   Q 1174.37199 +/- 5.72

From 258 observations 2012 Nov. 9-2013 Mar. 5; mean residual 0".33
Arkansas Sky Observatories H45

State vector (heliocentric equatorial J2000):

+0.979002262461 +0.849658073749 +2.284884926231 AU

-5.573444719110 +7.315459401587 -11.840768002010 mAU/day

MOIDs: Me 1.2067 Ve 0.8337 Ea 0.5905 Ma 0.0757

MOIDs: Ju 2.1095 Sa 1.3487 Ur 1.7097 Ne 5.0982

Elements written: 31 Mar 2017 18:54:24 (JD 2457844.287778)

Full range of obs: 2012 Nov. 9-2013 Mar. 5 (258 observations)

Find_Orb ver: Jan 17 2017 13:36:17

Perturbers: 00000000 (unperturbed orbit); not using JPL DE

Tisserand relative to Jupiter: 0.58838

Tisserand relative to Neptune: 0.29222

Score: 0.833009

Comet C/2012 V2, March 1, 2013 from Arkansas Sky Observatories. Throughout the period this comet was measured, the morphology of it, similar to that shown, changed very little and the magnitude was fairly levelized over the period.

Comet C/2012 X1 - LINEAR

Orbital elements: C/2012 X1

Perihelion 2014 Feb 21.654496 +/- 0.0119 TT = 15:42:28 (JD 2456710.154496)
Epoch 2013 Apr 29.0 TT = JDT 2456411.5
Earth MOID: 0.7505   Sa: 0.1821

```
M 359.84240 +/- 0.0006                         Find_Orb
n  0.00052767 +/- 2.27e-6       Peri. 132.10673 +/- 0.0006
a 151.666744 +/- 0.434          Node  113.14533 +/- 0.00051
e  0.9894555 +/- 3.03e-5        Incl.  44.36592 +/- 0.0009
P1867.82         M(N) 8.6   K 10.0    U 4.0
q 1.59924227 +/- 2.55e-5    Q 301.734246 +/- 0.869
```

From 144 observations 2012 Dec. 13-2013 Apr. 29; mean residual 0".32 Arkansas Sky Observatories H45

\# State vector (heliocentric equatorial J2000):

\# -2.649074996294 +1.737951829569 +2.298936626464 AU

\# +3.529672538851 -11.179081681912 -3.436108038854 mAU/day

\# MOIDs: Me 1.2264 Ve 0.9965 Ea 0.7505 Ma 0.4321

\# MOIDs: Ju 1.0661 Sa 0.1821 Ur 3.3815 Ne 7.2385

\# Elements written: 31 Mar 2017 18:56:03 (JD 2457844.288924)

\# Full range of obs: 2012 Dec. 13-2013 Apr. 29 (144 observations)

\# Find_Orb ver: Jan 17 2017 13:36:17

\# Perturbers: 00000020 ; not using JPL DE

\# Tisserand relative to Jupiter: 1.15234

\# Tisserand relative to Neptune: 0.66334

\# Score: 0.815653

Comet C/2012 X2 - PANSTARRS

Orbital elements: C/2012 X2

Perihelion 2013 Apr 2.275296 +/- 71.2 TT = 6:36:25 (JD 2456384.775296)
Epoch 2013 Feb 14.0 TT = JDT 2456337.5
Earth MOID: 0.2821   Ma: 0.0112

M 345.80387 +/- 29   Find_Orb
n 0.30028629 +/- 0.321   Peri. 295.33016 +/- 110
a 2.20857615 +/- 1.57   Node 237.67507 +/- 29
e 0.4314609 +/- 0.253   Incl.   6.27878 +/- 10
P 3.28   U 12.0 SR
q 1.25566187 +/- 0.91   Q 3.16149043 +/- 41.9

From 5 observations 2013 Feb. 14 (14.6 min); mean residual 0".11 Arkansas Sky Observatories H45

State vector (heliocentric equatorial J2000):

-0.943381805771 +0.921255926627 +0.243404318315 AU

-9.726793021981 -13.364875572812 -5.844690757578 mAU/day

MOIDs: Me 0.8755 Ve 0.5562 Ea 0.2821 Ma 0.0112

MOIDs: Ju 1.8654 Sa 6.4111 Ur 16.9564 Ne 26.7629

Elements written: 31 Mar 2017 18:57:23 (JD 2457844.289850)

Full range of obs: 2013 Feb. 14 (14.6 min) (5 observations)

Find_Orb ver: Jan 17 2017 13:36:17

Perturbers: 00000001 ; not using JPL DE

Tisserand relative to Earth: 3.11806

Barbee-style encounter velocity: 2.5272 km/s

Score: -0.571644

Comet C/2012 Y1 - LINEAR

Orbital elements: C/2012 Y1

Perihelion 2013 Jan 30.681407 TT = 16:21:13 (JD 2456323.181407)
Epoch 2013 Feb 11.0 TT = JDT 2456334.5
Earth MOID: 0.6209   Find_Orb

M 2.85933
n 0.25262261   Peri. 267.39139
a 2.47830391   Node   207.60734
e 0.3896383   Incl.   15.33872
P 3.90   M(N) 18.1   K 10.0   q 1.51266164   Q 3.44394618

**10 of 11 observations 2013 Jan. 19-Feb. 11; mean residual 0".46
Arkansas Sky Observatories H45**

State vector (heliocentric equatorial J2000):

-0.779634099042 +1.293977911173 +0.125272110831 AU

-14.257208736923 -7.624395516984 -3.100826474986 mAU/day

MOIDs: Me 1.2220 Ve 0.8534 Ea 0.6209 Ma 0.2969

MOIDs: Ju 2.0444 Sa 6.7435 Ur 16.1075 Ne 26.8296

Elements written: 31 Mar 2017 18:59:00 (JD 2457844.290972)

Full range of obs: 2013 Jan. 19-Feb. 11 (11 observations)

Find_Orb ver: Jan 17 2017 13:36:17

Perturbers: 00000000 (unperturbed orbit); not using JPL DE

Score: 0.030096

Comet C/2013 A1 – Siding Spring

Orbital elements: C/2013 A1

Perihelion 2014 Oct 25.244975 TT = 5:52:45 (JD 2456955.744975)
Epoch 2016 Jan 14.0 TT = JDT 2457401.5
Earth MOID: 0.3840   Ma: 0.0004

q   1.39938436
M(N) 8.5 K 10.0 Peri.   2.43931
Node   300.98832
e   1.0002194   Incl. 129.03841

27 of 36 observations 2013 Mar. 3-2016 Jan. 14; mean residual 0".34
Arkansas Sky Observatories H45

\# State vector (heliocentric equatorial J2000):

\#   -3.908206421132 -0.613873873346 +3.628197440633 AU

\#   -7.448467293928 +4.256854602449 +6.057861988410 mAU/day

\# MOIDs: Me 0.9682 Ve 0.6731 Ea 0.3840 Ma 0.0004

\# MOIDs: Ju 3.6810 Sa 4.8961 Ur 6.9750 Ne 8.9786

\# Elements written: 31 Mar 2017 20:01:24 (JD 2457844.334306)

\# Full range of obs: 2013 Mar. 3-2016 Apr. 7 (36 observations)

\# Find_Orb ver: Jan 17 2017 13:36:17

\# Perturbers: 00000070 ; not using JPL DE

\# Score: 0.842059

Comet C/2013 B2 – Catalina *

Orbital elements: C/2013 B2

Perihelion 2013 May 4.328685 +/- 190 TT = 7:53:18 (JD 2456416.828685)
Epoch 2013 Apr 13.0 TT = JDT 2456395.5
Earth MOID: 0.0247   Ju: 0.1815

M 355.75535 +/- 100   Find_Orb
n 0.19901095 +/- 0.463   Peri. 162.63749 +/- 80
a 2.90548109 +/- 4.51   Node   52.17963 +/- 70
e 0.6686935 +/- 0.21   Incl. 10.44747 +/- 33
P 4.95   U 12.2 SR
q 0.96260476 +/- 0.923   Q 4.84835741 +/- 5.54

*From 10 observations 2013 Apr. 13 (15.9 min); mean residual 0".25 Arkansas Sky Observatories H45

State vector (heliocentric equatorial J2000):

-0.992604661633 -0.170749892249 +0.067560167335 AU

+6.590526707585 -17.712579632086 -11.281350205966 mAU/day

MOIDs: Me 0.5202 Ve 0.2401 Ea 0.0247 Ma 0.1814

MOIDs: Ju 0.1815 Sa 4.3823 Ur 14.9515 Ne 24.9673

Elements written: 31 Mar 2017 20:02:44 (JD 2457844.335231)

Full range of obs: 2013 Apr. 13 (15.9 min) (10 observations)

Find_Orb ver: Jan 17 2017 13:36:17

Perturbers: 00000001 ; not using JPL DE

Tisserand relative to Earth: 2.83695

Tisserand relative to Jupiter: 2.88366

Earth encounter velocity 12.1140 km/s

Barbee-style encounter velocity: 11.4410 km/s

Score: -0.172866

Comet C/2013 C2 – Tenagra *

Orbital elements: C/2013 C2

Perihelion 2013 Mar 19.372231 +/- 62.8 TT = 8:56:00 (JD 2456370.872231)
Epoch 2013 Apr 1.0 TT = JDT 2456383.5
Earth MOID: 0.7589   Find_Orb

M   3.09572 +/- 27
n   0.24515209 +/- 0.294   Peri. 230.76244 +/- 90
a   2.52839918 +/- 2.02   Node 299.92170 +/- 34
e   0.3203830 +/- 0.253   Incl.   13.21575 +/- 10
P   4.02   U 11.9 SR
q 1.71834301 +/- 0.783   Q 3.33845534 +/- 57.6

***From 5 observations 2013 Apr. 1 (11.9 min); mean residual 0".04
Arkansas Sky Observatories H45**

State vector (heliocentric equatorial J2000):

-1.685414926910 +0.230809608152 -0.259994582155 AU

-0.989107850269 -12.898733418992 -7.714475633000 mAU/day

MOIDs: Me 1.3560 Ve 1.0310 Ea 0.7589 Ma 0.2144

MOIDs: Ju 1.8124 Sa 6.3557 Ur 16.6014 Ne 26.6521

Elements written: 31 Mar 2017 20:04:25 (JD 2457844.336400)

Full range of obs: 2013 Apr. 1 (11.9 min) (5 observations)

Find_Orb ver: Jan 17 2017 13:36:17

Perturbers: 00000001 ; not using JPL DE

Score: -0.624122

Comet C/2013 D1 – Holvorcem

Orbital elements: C/2013 D1

Perihelion 2013 Apr 27.854147 +/- 46.8 TT = 20:29:58 (JD 2456410.354147)
Epoch 2013 Mar 15.0 TT = JDT 2456366.5
Earth MOID: 0.4491   Ma: 0.0414

```
M 347.53339 +/- 10                        Find_Orb
n  0.28427430 +/- 0.138    Peri. 299.64560 +/- 70
a  2.29074970 +/- 0.741    Node  264.79739 +/- 32
e  0.3697857 +/- 0.152     Incl.   5.02388 +/- 1.6
P  3.47          U 11.4  SR
q 1.44366305 +/- 0.404    Q 3.13783636 +/- 3.14
```

From 12 observations 2013 Mar. 14-15 (23.7 hr); mean residual 0".36
Arkansas Sky Observatories H45

\# State vector (heliocentric equatorial J2000):

\# -1.483066669602 +0.148783796719 -0.077926077570 AU

\# +0.993278102512 -15.058706671172 -6.292184545609 mAU/day

\# MOIDs: Me 1.0152 Ve 0.7321 Ea 0.4491 Ma 0.0414

\# MOIDs: Ju 1.8580 Sa 6.1556 Ur 16.6504 Ne 26.7057

\# Elements written: 31 Mar 2017 20:05:48 (JD 2457844.337361)

\# Full range of obs: 2013 Mar. 14-15 (23.7 hr) (12 observations)

\# Find_Orb ver: Jan 17 2017 13:36:17

\# Perturbers: 00000001 ; not using JPL DE

\# Score: -0.359616

Comet C/2013 E2 - Iwamoto

Orbital elements: C/2013 E2

Perihelion 2013 Mar 9.031487 TT = 0:45:20 (JD 2456360.531487)
Epoch 2013 Nov 12.0 TT = JDT 2456608.5
Earth MOID: 0.5984   Ju: 0.8299

M   0.07064
n   0.00028487   Peri.   95.82517
a 228.750236   Node   182.46954
e   0.9938213   Incl.   21.85565
P3459.73   M(N) 9.8   K 10.0   q 1.41336451   Q 456.087108

From 77 observations 2013 Aug. 21-Nov. 12; mean residual 0".20 Arkansas Sky Observatories H45

State vector (heliocentric equatorial J2000):

+3.276866850854 +1.123182965845 +0.084002939037 AU

+6.753821317695 +11.122743154706 +0.419470249908 mAU/day

MOIDs: Me 1.0235 Ve 0.7960 Ea 0.5984 Ma 0.4607

MOIDs: Ju 0.8299 Sa 2.2181 Ur 5.5936 Ne 9.4934

Elements written: 31 Mar 2017 20:56:04 (JD 2457844.372269)

Full range of obs: 2013 Aug. 21-Nov. 12 (77 observations)

Find_Orb ver: Jan 17 2017 13:36:17

Perturbers: 00000000 (unperturbed orbit); not using JPL DE

Tisserand relative to Earth: 3.12044

Tisserand relative to Jupiter: 1.38880

Tisserand relative to Neptune: 0.69971

Score: 0.692341

Comet C/2013 E2 showing as a very slightly diffuse object with strong nucleus, some faint nebulosity extends to the west of the nucleus (to right). ASO photograph

Comet C/2013 F1 - Boattini

Orbital elements: C/2013 F1

Perihelion 2012 Dec 2.638706 +/- 0.00938 TT = 15:19:44 (JD 2456264.138706)
Epoch 2013 May 14.0 TT = JDT 2456426.5   Ju: 0.7071

q   1.85972602 +/- 0.000132
M(N) 13.3 K 10.0   Peri.   91.99044 +/- 0.006
Node   30.12561 +/- 0.0014
e   1.0025014 +/- 0.000146   Incl.   79.68220 +/- 0.0028

From 55 observations 2013 Mar. 26-May 14; mean residual 0".45
Arkansas Sky Observatories H45

\# State vector (heliocentric equatorial J2000):

\#   -2.287730912918 -1.403753509991 +0.380769689746 AU

\#   -9.567187915803 -3.343304691328 -10.770260987524 mAU/day

\# MOIDs: Me 1.7619 Ve 1.6612 Ea 1.5846 Ma 1.2652

\# MOIDs: Ju 0.7071 Sa 3.9264 Ur 12.6659 Ne 21.6834

\# Elements written: 31 Mar 2017 20:08:31 (JD 2457844.339248)

\# Full range of obs: 2013 Mar. 26-May 14 (55 observations)

\# Find_Orb ver: Jan 17 2017 13:36:17

\# Perturbers: 00000000 (unperturbed orbit); not using JPL DE

\# Score: 0.946704

Comet C/2013 F2 - Catalina

Orbital elements: C/2013 F2

Perihelion 2013 Apr 19.151571 +/- 0.0877 TT = 3:38:15 (JD 2456401.651571)
Epoch 2014 Apr 23.0 TT = JDT 2456770.5   Ne: 0.9215

M   0.00039 +/- 0.00040
n   0.00000108 +/- 8.47e-7   Peri. 123.00573 +/- 0.007
a9383.81344 +/- 5117   Node 344.27141 +/- 0.0007
e   0.9993373 +/- 0.000348   Incl. 61.74979 +/- 0.00026
P 909010   U 3.4
q 6.21826901 +/- 0.000234   Q 18761.4086 +/- 5176

**From 28 observations 2013 Apr. 1-2014 Apr. 23; mean residual 0".41
Arkansas Sky Observatories H45**

\# State vector (heliocentric equatorial J2000):

\# -5.459654461215 +1.702015772213 +3.513761356929 AU

\# -6.864017011885 +1.062333550805 -6.316566192727 mAU/day

\# MOIDs: Me 5.9668 Ve 5.7057 Ea 5.5480 Ma 5.0384

\# MOIDs: Ju 2.1470 Sa 1.2820 Ur 3.1733 Ne 0.9215

\# Elements written: 31 Mar 2017 20:10:28 (JD 2457844.340602)

\# Full range of obs: 2013 Apr. 1-2014 Apr. 23 (28 observations)

\# Find_Orb ver: Jan 17 2017 13:36:17

\# Perturbers: 00000000 (unperturbed orbit); not using JPL DE

\# Tisserand relative to Jupiter: 1.46383

\# Tisserand relative to Neptune: 0.61191

\# Score: 0.906862

Comet C/2013 F3 - McNaught

Orbital elements: C/2013 F3

Perihelion 2013 May 25.254028 +/- 0.0044 TT = 6:05:48 (JD 2456437.754028)
Epoch 2013 Aug 26.0 TT = JDT 2456530.5

M 0.00450 +/- 0.00027
n 0.00004861 +/- 3.11e-6   Peri. 18.75594 +/- 0.0017
a 743.492677 +/- 31.3   Node 266.10831 +/- 0.0006
e 0.9969702 +/- 0.000129   Incl. 85.44374 +/- 0.0012
P 20272   M(N) 14.1   K 10.0   U 4.2
q 2.25257604 +/- 2.19e-5   Q 1484.73277 +/- 72.8

**From 114 observations 2013 June 8-Aug. 26; mean residual 0".52
Arkansas Sky Observatories H45**

State vector (heliocentric equatorial J2000):

+0.062363837111 -2.134462873827 +1.273314878731 AU

+1.604771056522 +3.457567530097 +14.937082923574 mAU/day

MOIDs: Me 1.8181 Ve 1.5569 Ea 1.2739 Ma 0.8426

MOIDs: Ju 2.9362 Sa 6.3950 Ur 6.8457 Ne 7.2170

Elements written: 31 Mar 2017 20:11:54 (JD 2457844.341597)

Full range of obs: 2013 June 8-Aug. 26 (114 observations)

Find_Orb ver: Jan 17 2017 13:36:17

Perturbers: 00000000 (unperturbed orbit); not using JPL DE

Tisserand relative to Jupiter: 0.15472

Tisserand relative to Neptune: 0.10189

Score: 1.018206

A very faint Comet McNaught C/2013 F3 post-perihelion; a look at this star field reveals the difficulty in locating many of the very faint comets at the threshold of observatory telescopes. Arkansas Sky Observatories H45

Comet C/2013 G2 - McNaught

Orbital elements: C/2013 G2

Perihelion 2013 Sep 24.447315 +/- 212 TT = 10:44:08 (JD 2456559.947315)
Epoch 2013 Jul 2.0 TT = JDT 2456475.5
Earth MOID: 0.0875   Ma: 0.0596

M 335.98562 +/- 80   Find_Orb
n 0.28437107 +/- 0.171   Peri. 96.12968 +/- 60
a 2.29023002 +/- 0.917   Node 266.16347 +/- 38
e 0.5890496 +/- 0.205   Incl.   6.56514 +/- 23
P 3.47   M(N) 18.9   K 10.0   U 11.6 SR
q 0.94117092 +/- 0.456   Q 3.63928913 +/- 1.4

From 8 observations 2013 July 2 (13.0 min); mean residual 0".35
Arkansas Sky Observatories H45

State vector (heliocentric equatorial J2000):

+0.184172116730 -1.303517066030 -0.530285186282 AU

+13.528960095686 +8.705529853622 +5.382550103331 mAU/day

MOIDs: Me 0.5963 Ve 0.2568 Ea 0.0875 Ma 0.0596

MOIDs: Ju 1.9083 Sa 5.9103 Ur 14.6979 Ne 26.6539

Elements written: 31 Mar 2017 20:13:09 (JD 2457844.342465)

Full range of obs: 2013 July 2 (13.0 min) (8 observations)

Find_Orb ver: Jan 17 2017 13:36:17

Perturbers: 00000001 ; not using JPL DE

Tisserand relative to Earth: 2.86647

Earth encounter velocity 10.9627 km/s

Barbee-style encounter velocity: 9.7182 km/s

Score: -0.196712

Comet C/2013 G3 - PANSTARRS

Orbital elements: C/2013 G3

Perihelion 2014 Nov 15.122656 +/- 0.0434 TT = 2:56:37 (JD 2456976.622656)
Epoch 2014 Jul 4.0 TT = JDT 2456842.5   Ju: 0.5170   Sa: 0.7733

q   3.85250434 +/- 0.000278
M(N) 8.8 K 10.0   Peri.   76.47973 +/- 0.010
Node 208.13227 +/- 0.0018
e   1.0003443 +/- 4.75e-5   Incl.   64.67315 +/- 0.0019

From 31 observations 2014 Apr. 9-July 4; mean residual 0".25
Arkansas Sky Observatories H45

State vector (heliocentric equatorial J2000):

-1.518553925135 -3.314522930233 +1.709246827934 AU

+10.702652219463 +1.047511700503 +5.600063324221 mAU/day

MOIDs: Me 3.6599 Ve 3.5178 Ea 3.3936 Ma 3.1270

MOIDs: Ju 0.5170 Sa 0.7733 Ur 6.1102 Ne 12.6369

Elements written: 31 Mar 2017 20:14:22 (JD 2457844.343310)

Full range of obs: 2014 Apr. 9-July 4 (31 observations)

Find_Orb ver: Jan 17 2017 13:36:17

Perturbers: 00000000 (unperturbed orbit); not using JPL DE

Score: 0.752640

Comet C/2013 G6 - Lemmon

Orbital elements: C/2013 G6

Perihelion 2013 Oct 16.313872 TT = 7:31:58 (JD 2456581.813872)
Epoch 2013 May 14.0 TT = JDT 2456426.5
Earth MOID: 0.0815   Ve: 0.0193

M 192.51834
n 1.07834319   Peri. 357.54981
a 0.94181307   Node   45.14144
e 0.2184047   Incl.   5.81018
P 0.91/333.84d M(N) 21.7   K 10.0   q 0.73611658   Q 1.14750956

**15 of 16 observations 2013 Apr. 20-May 14; mean residual 3".13
Arkansas Sky Observatories H45**

State vector (heliocentric equatorial J2000):

-0.721482397267 -0.810065496889 -0.363953076976 AU

+11.362097707268 -7.211877450127 -4.683349322792 mAU/day

MOIDs: Me 0.4127 Ve 0.0193 Ea 0.0815 Ma 0.3901

MOIDs: Ju 4.1795 Sa 8.2195 Ur 17.2287 Ne 29.0746

Elements written: 31 Mar 2017 20:17:09 (JD 2457844.345243)

Full range of obs: 2013 Apr. 20-May 14 (16 observations)

Find_Orb ver: Jan 17 2017 13:36:17

Perturbers: 00000000 (unperturbed orbit); not using JPL DE

Tisserand relative to Earth: 2.94613

Earth encounter velocity 6.9627 km/s

Barbee-style encounter velocity: 6.7971 km/s

Score: 2.985733

Comet C/2013 G7 - McNaught

Orbital elements: C/2013 G7

Perihelion 2014 Mar 17.053365 +/- 1.33 TT = 1:16:50 (JD 2456733.553365)
Epoch 2013 Jun 15.0 TT = JDT 2456458.5   Ju: 0.1226

q   4.68628590 +/- 0.0074
M(N) 8.4 K 10.0   Peri. 218.05133 +/- 0.18
Node   48.39969 +/- 0.0024
e   1.0063548 +/- 0.00606   Incl. 105.23324 +/- 0.09

**From 36 observations 2013 Apr. 20-June 15; mean residual 0".59
Arkansas Sky Observatories H45**

State vector (heliocentric equatorial J2000):

-3.472756463380 -3.411867017526 -1.728147777147 AU

+0.506386640677 +8.029432234107 -7.087658819142 mAU/day

MOIDs: Me 4.3253 Ve 4.1042 Ea 3.8493 Ma 3.3683

MOIDs: Ju 0.1226 Sa 4.3727 Ur 6.3705 Ne 3.4481

Elements written: 31 Mar 2017 20:19:29 (JD 2457844.346863)

Full range of obs: 2013 Apr. 20-June 15 (36 observations)

Find_Orb ver: Jan 17 2017 13:36:17

Perturbers: 00000000 (unperturbed orbit); not using JPL DE

Score: 1.095349

Comet C/2013 G9 – Tenagra *

Orbital elements: C/2013 G9

Perihelion 2013 Oct 26.390900 TT = 9:22:53 (JD 2456591.890900)
Epoch 2013 Jul 12.0 TT = JDT 2456485.5
Earth MOID: 0.0031   Find_Orb

M 336.42398
n 0.22159801   Peri. 173.63456
a 2.70453212   Node 181.89305
e 0.6312862   Incl.   8.97922
P 4.45   q 0.99719810 Q 4.41186614

***6 of 9 observations 2013 July 12 (12.4 min); mean residual 0".17
Arkansas Sky Observatories H45**

State vector (heliocentric equatorial J2000):

-0.176659928683 -1.594520904817 -0.412269463509 AU

+14.077574184220 +6.808086781468 +1.831199246947 mAU/day

MOIDs: Me 0.6371 Ve 0.2770 Ea 0.0031 Ma 0.2549

MOIDs: Ju 1.0457 Sa 5.0367 Ur 13.8802 Ne 25.8258

Elements written: 31 Mar 2017 20:21:57 (JD 2457844.348576)

Full range of obs: 2013 July 12-2014 Mar. 14 (9 observations)

Find_Orb ver: Jan 17 2017 13:36:17

Perturbers: 00000000 (unperturbed orbit); not using JPL DE

Tisserand relative to Earth: 2.88934

Tisserand relative to Jupiter: 3.02848

Earth encounter velocity 9.9795 km/s

Barbee-style encounter velocity: 9.9912 km/s

Score: -0.305138

Comet C/2013 H1 – La Sagra

Orbital elements: C/2013 H1

Perihelion 2013 May 19.666190 +/- 0.0106 TT = 15:59:18 (JD 2456432.166190)
Epoch 2013 Jul 6.0 TT = JDT 2456479.5   Ur: 0.3206

M   0.01935 +/- 0.00012
n   0.00040895 +/- 2.68e-6   Peri. 136.57825 +/- 0.0037
a 179.755681 +/- 0.789   Node   84.97307 +/- 0.0009
e   0.9852754 +/- 6.42e-5   Incl.   27.08748 +/- 0.0006
P 2410.04   M(N) 12.8   K 10.0   U 4.1
q 2.64682909 +/- 4.96e-5   Q 356.864533 +/- 1.6

From 55 observations 2013 May 6-July 6; mean residual 0".41
Arkansas Sky Observatories H45

State vector (heliocentric equatorial J2000):

-1.341141402014 -2.306383362087 -0.365661888215 AU

+9.863580185887 -6.587866253527 -8.799705161810 mAU/day

MOIDs: Me 2.2226 Ve 1.9607 Ea 1.7059 Ma 1.2396

MOIDs: Ju 1.4322 Sa 1.5517 Ur 0.3206 Ne 1.6226

Elements written: 31 Mar 2017 20:23:38 (JD 2457844.349745)

Full range of obs: 2013 May 6-July 6 (55 observations)

Find_Orb ver: Jan 17 2017 13:36:17

Perturbers: 00000000 (unperturbed orbit); not using JPL DE

Tisserand relative to Jupiter: 1.81834

Tisserand relative to Neptune: 0.91164

Score: 0.903457

Comet C/2013 L2 - Catalina

Orbital elements: C/2013 L2

Perihelion 2012 May 11.305309 +/- 0.0414 TT = 7:19:38 (JD 2456058.805309)
Epoch 2013 Aug 7.0 TT = JDT 2456511.5 Ju: 0.3115

q   4.87272920 +/- 0.000333
Peri. 1.95445 +/- 0.006
Node 285.88328 +/- 0.0033
e   1.0015134 +/- 0.000455   Incl. 106.78082 +/- 0.0026

From 83 observations 2013 June 9-Aug. 7; mean residual 0".40
Arkansas Sky Observatories H45

State vector (heliocentric equatorial J2000):

-0.336019733717 -5.345036351515 +2.656491207869 AU

-3.707669388972 +0.034865255010 +9.237988459965 mAU/day

MOIDs: Me 4.4235 Ve 4.1462 Ea 3.8570 Ma 3.4493

MOIDs: Ju 0.3115 Sa 5.1622 Ur 14.6597 Ne 22.2375

Elements written: 31 Mar 2017 20:25:19 (JD 2457844.350914)

Full range of obs: 2013 June 9-Aug. 7 (83 observations)

Find_Orb ver: Jan 17 2017 13:36:17

Perturbers: 00000000 (unperturbed orbit); not using JPL DE

Score: 0.899201

Comet C/2013 P2 - PANSTARRS

Orbital elements: C/2013 P2

Perihelion 2014 Feb 17.017248 TT = 0:24:50 (JD 2456705.517248)
Epoch 2014 Apr 9.0 TT = JDT 2456756.5   Ju: 0.7734   Sa: 0.6771

M   0.00026
n   0.00000523   Peri.   104.96065
a3285.86216   Node   2.02605
e   0.9991371   Incl.   125.53264
P 188353   q 2.83521211 Q 6568.88911

From 32 observations 2013 Sept. 4-2014 Apr. 9; mean residual 0".41
Arkansas Sky Observatories H45

State vector (heliocentric equatorial J2000):

-1.374898440606 -2.191462156167 +1.271169350532 AU

-13.355648940656 +4.231107289550 -2.991939217557 mAU/day

MOIDs: Me 2.5753 Ve 2.4073 Ea 2.2734 Ma 1.9191

MOIDs: Ju 0.7734 Sa 0.6771 Ur 7.3021 Ne 13.3791

Elements written: 31 Mar 2017 20:29:14 (JD 2457844.353634)

Full range of obs: 2013 Sept. 4-2014 Apr. 9 (32 observations)

Find_Orb ver: Jan 17 2017 13:36:17

Perturbers: 00000000 (unperturbed orbit); not using JPL DE

Tisserand relative to Jupiter: -1.21154

Tisserand relative to Neptune: -0.49549

Score: 0.904500

Comet C/2013 R1 - Lovejoy

Orbital elements: C/2013 R1

Perihelion 2013 Dec 22.734662 5.18e-5 TT +AD0- 17:37:54 (JD 2456649.234662)
Epoch 2014 Apr 9.0 TT +AD0- JDT 2456756.5
Earth MOID: 0.1461   Find+AF8-Orb

M   0.00936 0.000026
n   0.00008728 2.5e-7   Peri. 67.16801 0.000025
a 503.315494 0.939   Node   70.71122 0.000027
e   0.9983870 3.07e-6   Incl. 64.03883 0.00008
P 11291   M(N) 11.0 K 10.0   U 2.5
q 0.81184629 4.88e-7   Q 1005.81914 1.87

From 142 observations 2013 Sept. 10-2014 Apr. 9- mean residual 0+. 56 Arkansas Sky Observatories H45

- State vector (heliocentric equatorial J2000):

- -0.815319165634 -1.775088648288 -0.355885603523 AU

- -1.762746387215 -11.456556732825 -12.771861879093 mAU/day

- MOIDs: Me 0.6115 Ve 0.3480 Ea 0.1461 Ma 0.2901

- MOIDs: Ju 1.5602 Sa 4.7793 Ur 11.1289 Ne 19.6365

- Elements written: 31 Mar 2017 20:30:51 (JD 2457844.354757)

- Full range of obs: 2013 Sept. 10-2014 Apr. 9 (142 observations)

- Find+AF8-Orb ver: Jan 17 2017 13:36:17

- Perturbers: 00000020 +ADs- not using JPL DE

- Tisserand relative to Earth: 1.11717
- Tisserand relative to Jupiter: 0.49922
- Tisserand relative to Neptune: 0.26311
- Earth encounter velocity 41.1649 km/s
- Barbee-style encounter velocity: 39.1011 km/s
- Score: 1.046998

Beautiful curving comet C/2013 R1 Lovejoy from April 9, 2014.
Arkansas Sky Observatories image, P. Clay Sherrod

Comet C/2013 TW5 - Spacewatch

Orbital elements: C/2013 TW5

Perihelion 2014 Aug 18.037927 +/- 0.184 TT = 0:54:36 (JD 2456887.537927)
Epoch 2014 Apr 24.0 TT = JDT 2456771.5   Ju: 0.5431

M 359.99100 +/- 0.00018
n 0.00007752 +/- 1.68e-6   Peri. 190.42091 +/- 0.019
a 544.707902 +/- 7.91   Node   319.70436 +/- 0.00047
e 0.9892974 +/- 0.000155   Incl.   31.38787 +/- 0.0017
P 12712   M(N) 6.6   K 10.0   U 3.8
q 5.82975967 +/- 0.000329   Q 1083.58604 +/- 15.4

**From 46 observations 2013 Nov. 7-2014 Apr. 24; mean residual 0".89
Arkansas Sky Observatories H45**

State vector (heliocentric equatorial J2000):

-4.435086917967 +3.531507365126 +1.587317134627 AU

-4.877224046523 -4.374453909007 -7.553675708644 mAU/day

MOIDs: Me 5.4903 Ve 5.1197 Ea 4.8465 Ma 4.1813

MOIDs: Ju 0.5431 Sa 3.1106 Ur 8.4532 Ne 10.9227

Elements written: 31 Mar 2017 20:34:24 (JD 2457844.357222)

Full range of obs: 2013 Nov. 7-2014 Apr. 24 (46 observations)

Find_Orb ver: Jan 17 2017 13:36:17

Perturbers: 00000000 (unperturbed orbit); not using JPL DE

Tisserand relative to Jupiter: 2.55844

Tisserand relative to Neptune: 1.11551

Score: 1.383142

Comet C/2013 U2 - Holvorcem

Orbital elements: C/2013 U2

Perihelion 2014 Oct 25.282485 +/- 0.2 TT = 6:46:46 (JD 2456955.782485)
Epoch 2015 Mar 17.0 TT = JDT 2457098.5

M   0.00633 +/- 0.00029
n   0.00004441 +/- 2.04e-6   Peri. 107.30486 +/- 0.023
a 789.621991 +/- 21   Node   7.00932 +/- 0.0012
e   0.9935198 +/- 0.000193   Incl. 43.08909 +/- 0.00041
P 22188   U 3.9
q 5.11687660 +/- 0.000228   Q 1574.12710 +/- 41.7

**From 35 observations 2013 Nov. 1-2015 Mar. 17; mean residual 0".88
Arkansas Sky Observatories H45**

State vector (heliocentric equatorial J2000):

-3.304006721242 +1.371537844440 +3.814551648518 AU

-9.079571699979 -2.887763086971 -4.692157703784 mAU/day

MOIDs: Me 4.8505 Ve 4.5694 Ea 4.4076 Ma 3.9279

MOIDs: Ju 1.5328 Sa 1.4721 Ur 2.4363 Ne 7.2218

Elements written: 31 Mar 2017 20:35:48 (JD 2457844.358194)

Full range of obs: 2013 Nov. 1-2015 Mar. 17 (35 observations)

Find_Orb ver: Jan 17 2017 13:36:17

Perturbers: 00000000 (unperturbed orbit); not using JPL DE

Tisserand relative to Jupiter: 2.05162

Tisserand relative to Neptune: 0.88879

Score: 1.373437

Comet C/2013 US10 - Catalina

Orbital elements: C/2013 US10

Perihelion 2015 Nov 15.699807 +/- 8.56e-5 TT = 16:47:43 (JD 2457342.199807)
Epoch 2017 Mar 20.0 TT = JDT 2457832.5
Earth MOID: 0.1393   Sa: 0.8786

q   0.82358184 +/- 1.8e-6   Ur: 0.5421   Find_Orb
M(N) 8.3 K 10.0   Peri. 340.38346 +/- 0.00021
Node   186.14941 +/- 0.000055
e   1.0003225 +/- 2.44e-6   Incl. 148.87793 +/- 0.000009

From 288 observations 2015 Dec. 17-2017 Mar. 20; mean residual 0".26 Arkansas Sky Observatories H45

State vector (heliocentric equatorial J2000):

+2.298316314946 +3.407190577853 +4.542775560192 AU

+6.768027033483 +4.451777211978 +5.576722869263 mAU/day

MOIDs: Me 0.4220 Ve 0.1349 Ea 0.1393 Ma 0.6870

MOIDs: Ju 1.1302 Sa 0.8786 Ur 0.5421 Ne 1.0766

Elements written: 31 Mar 2017 20:37:31 (JD 2457844.359387)

Full range of obs: 2015 Dec. 17-2017 Mar. 20 (288 observations)

Find_Orb ver: Jan 17 2017 13:36:17

Perturbers: 00000060 ; not using JPL DE

Earth encounter velocity 68.3971 km/s

Barbee-style encounter velocity: 25.6868 km/s

Score: 0.758396

C/2013 US10 from January 27, 2017. Arkansas Sky Observatories Photograph

Comet C/2013 V1 - Boattini

Orbital elements: C/2013 V1

Perihelion 2014 Apr 21.234228 +/- 0.000356 TT = 5:37:17 (JD 2456768.734228)
Epoch 2014 Mar 7.0 TT = JDT 2456723.5
Earth MOID: 0.8796   Sa: 0.3834

q   1.66080874 +/- 6.73e-6
M(N) 10.8 K 10.0   Peri.   48.03625 +/- 0.00033
Node   72.81037 +/- 0.00006
e   1.0013793 +/- 8.13e-6   Incl.   65.30882 +/- 0.00015

From 148 observations 2013 Nov. 7-2014 Mar. 7; mean residual 0".19
Arkansas Sky Observatories H45

State vector (heliocentric equatorial J2000):

+0.252852999853 +1.308648568736 +1.158881170033 AU

-9.083986968920 -12.725743495182 +9.532249172826 mAU/day

MOIDs: Me 1.4111 Ve 1.0966 Ea 0.8796 Ma 0.3944

MOIDs: Ju 1.4620 Sa 0.3834 Ur 3.8126 Ne 9.8487

Elements written: 31 Mar 2017 20:39:27 (JD 2457844.360729)

Full range of obs: 2013 Nov. 7-2014 Mar. 7 (148 observations)

Find_Orb ver: Jan 17 2017 13:36:17

Perturbers: 00000020 ; not using JPL DE

Score: 0.693069

Comet C/2013 V2 - Borisov

Orbital elements: C/2013 V2

Perihelion 2014 Oct 14.367514 +/- 0.00142 TT = 8:49:13 (JD 2456944.867514)
Epoch 2015 May 22.0 TT = JDT 2457164.5   Ju: 0.5035   Sa: 0.4568

q   3.50804801 +/- 4.42e-6
M(N) 8.3 K 10.0   Peri. 94.48721 +/- 0.00024
Node   48.41358 +/- 0.000034
e   1.0039272 +/- 8.95e-6   Incl. 37.85243 +/- 0.000024

From 140 observations 2013 Nov. 11-2015 May 22; mean residual 0".29
Arkansas Sky Observatories H45

State vector (heliocentric equatorial J2000):

-3.584619273236   -1.367208042432   +1.253324919578 AU

-4.158651398420   -8.742255766863   -7.296915163652 mAU/day

MOIDs: Me 3.2173 Ve 2.9440 Ea 2.7918 Ma 2.3629

MOIDs: Ju 0.5035 Sa 0.4568 Ur 6.4597 Ne 11.6187

Elements written: 31 Mar 2017 20:44:42 (JD 2457844.364375)

Full range of obs: 2013 Nov. 11-2015 May 22 (140 observations)

Find_Orb ver: Jan 17 2017 13:36:17

Perturbers: 00000060 ; not using JPL DE

Score: 0.796771

Comet C/2013 V3 - Nevski

Orbital elements: C/2013 V3

Perihelion 2013 Oct 29.903567 +/- 0.000374 TT = 21:41:08 (JD 2456595.403567)
Epoch 2014 Jan 25.0 TT = JDT 2456682.5
Earth MOID: 0.4273   Find_Orb

M   1.89549 +/- 0.0007
n   0.02176316 +/- 9.08e-6   Peri. 339.64101 +/- 0.00036
a   12.7053907 +/- 0.00352   Node   100.91648 +/- 0.00035
e   0.8908619 +/- 2.96e-5   Incl.   32.13264 +/- 0.00038
P 45.29   M(N) 13.9   K 10.0   U 4.9
q 1.38664157 +/- 1.01e-5   Q 24.0241399 +/- 0.00704

From 61 observations 2013 Nov. 11-2014 Jan. 25; mean residual 0".40 Arkansas Sky Observatories H45

State vector (heliocentric equatorial J2000):

-1.223227459339 +0.845711843684 +1.034942261951 AU

-13.536045326872 -9.245749542539 +5.886532569838 mAU/day

MOIDs: Me 1.0902 Ve 0.6854 Ea 0.4273 Ma 0.1550

MOIDs: Ju 1.5608 Sa 1.2469 Ur 1.1815 Ne 7.4653

Elements written: 31 Mar 2017 20:46:06 (JD 2457844.365347)

Full range of obs: 2013 Nov. 11-2014 Jan. 25 (61 observations)

Find_Orb ver: Jan 17 2017 13:36:17

Perturbers: 00000000 (unperturbed orbit); not using JPL DE

Tisserand relative to Earth: 2.82112

Tisserand relative to Jupiter: 1.61178

Tisserand relative to Neptune: 2.86675

Score: 0.849024

Comet C/2013 V4 - Catalina

Orbital elements: C/2013 V4

Perihelion 2015 Oct 7.587401 +/- 0.00136 TT = 14:05:51 (JD 2457303.087401)
Epoch 2017 Mar 31.0 TT = JDT 2457843.5   Ju: 0.8447

q   5.18575298 +/- 8.85e-6
M(N) 5.6 K 10.0   Peri.   40.45367 +/- 0.00014
Node   55.63320 +/- 0.000029
e   1.0016304 +/- 1.3e-5   Incl. 67.85982 +/- 0.000028

**From 56 observations 2014 Jan. 1-2017 Mar. 31; mean residual 0".30
Arkansas Sky Observatories H45**

State vector (heliocentric equatorial J2000):

-2.331442053900 -1.535181685427 +5.921779671677 AU

-6.093050675664 -7.287563115576 +0.508903405006 mAU/day

MOIDs: Me 4.9290 Ve 4.6023 Ea 4.3789 Ma 3.9279

MOIDs: Ju 0.8447 Sa 2.9434 Ur 6.4286 Ne 3.0554

Elements written: 31 Mar 2017 20:48:27 (JD 2457844.366979)

Full range of obs: 2014 Jan. 1-2017 Mar. 31 (56 observations)

Find_Orb ver: Jan 17 2017 13:36:17

Perturbers: 00000060 ; not using JPL DE

Score: 0.802269

Comet C/2013 V5 - Oukaimeden

Orbital elements: C/2013 V5

Perihelion 2014 Sep 28.213300 +/- 0.00619 TT = 5:07:09 (JD 2456928.713300)
Epoch 2014 Mar 31.0 TT = JDT 2456747.5
Earth MOID: 0.1889   Ju: 0.1813

M 359.98417 +/- 0.00009   Ve: 0.0067   Find_Orb
n 0.00008735 +/- 5.18e-7   Peri. 314.56437 +/- 0.0023
a 503.053923 +/- 1.99   Node 278.61678 +/- 0.000033
e 0.9987563 +/- 4.88e-6   Incl. 154.88520 +/- 0.0008
P 11282   M(N) 9.2   K 10.0   U 3.0
q 0.62561041 +/- 6.23e-5   Q 1005.48223 +/- 3.97

From 105 observations 2013 Nov. 28-2014 Mar. 31; mean residual 0".22 Arkansas Sky Observatories H45

State vector (heliocentric equatorial J2000):

-0.040319242116 +2.840210719880 +1.021186241283 AU

+5.950047905245 -10.731977268142 -6.700757703583 mAU/day

MOIDs: Me 0.2135 Ve 0.0067 Ea 0.1889 Ma 0.3769

MOIDs: Ju 0.1813 Sa 1.0111 Ur 3.0683 Ne 6.2499

Elements written: 31 Mar 2017 20:49:51 (JD 2457844.367951)

Full range of obs: 2013 Nov. 28-2014 Mar. 31 (105 observations)

Find_Orb ver: Jan 17 2017 13:36:17

Perturbers: 00000020 ; not using JPL DE

Tisserand relative to Earth: -2.02304

Tisserand relative to Jupiter: -0.87741

Tisserand relative to Neptune: -0.30952

Earth encounter velocity 67.2364 km/s
Barbee-style encounter velocity: 69.8512 km/s
Score: 0.718655

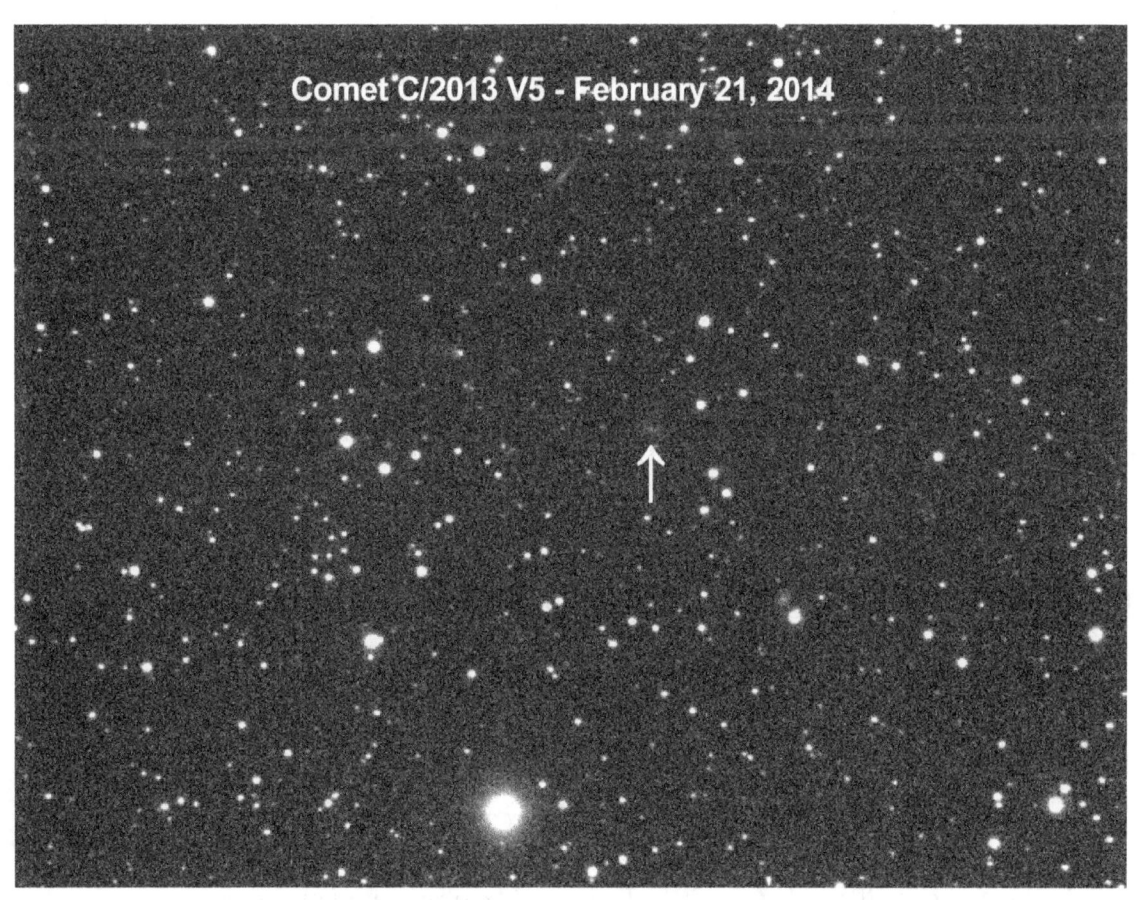

A very faint and nebulous C/2013 V5 from February 21, 2014

Comet C/2013 X1 - PANSTARRS

Orbital elements: C/2013 X1

Perihelion 2016 Apr 20.731469 +/- 0.000429 TT = 17:33:18 (JD 2457499.231469)
Epoch 2016 Feb 11.0 TT = JDT 2457429.5
Earth MOID: 0.3096   Ma: 0.0316

q   1.31419918 +/- 8.04e-6
M(N) 8.0 K 10.0   Peri. 164.46442 +/- 0.00050
Node   130.95600 +/- 0.00010
e   1.0009535 +/- 8.04e-6   Incl. 163.23185 +/- 0.000013

From 118 observations 2014 Mar. 20-2016 Feb. 11; mean residual 0".23
Arkansas Sky Observatories H45

State vector (heliocentric equatorial J2000):

+1.502948506228 +0.331970605942 +0.636780357657 AU

-1.586990485018 -15.259124191135 -10.961595438474 mAU/day

MOIDs: Me 0.9159 Ve 0.5976 Ea 0.3096 Ma 0.0316

MOIDs: Ju 1.0841 Sa 1.3539 Ur 1.2698 Ne 1.4737

Elements written: 31 Mar 2017 20:54:36 (JD 2457844.371250)

Full range of obs: 2014 Mar. 20-2016 Feb. 11 (118 observations)

Find_Orb ver: Jan 17 2017 13:36:17

Perturbers: 00000060 ; not using JPL DE

Score: 0.730625

Comet C/2014 A4 - SONEAR

Orbital elements: C/2014 A4

Perihelion 2015 Sep 5.738340 +/- 0.00233 TT = 17:43:12 (JD 2457271.238340)
Epoch 2016 Nov 22.0 TT = JDT 2457714.5   Ju: 0.7792

q   4.17960927 +/- 1.64e-5
M(N) 6.8 K 10.0   Peri. 356.76828 +/- 0.00039
Node   29.73189 +/- 0.000042
e   1.0008754 +/- 2.56e-5   Incl. 121.36676 +/- 0.000056

From 34 observations 2015 Oct. 16-2016 Nov. 22; mean residual 0".20 Arkansas Sky Observatories H45

State vector (heliocentric equatorial J2000):

+3.867831236569 -2.060484346798 +3.382465132834 AU

-1.604305853676 -9.080780369643 +4.683289435842 mAU/day

MOIDs: Me 3.8550 Ve 3.4555 Ea 3.1860 Ma 2.7472

MOIDs: Ju 0.7792 Sa 5.0808 Ur 13.8152 Ne 18.2402

Elements written: 31 Mar 2017 20:57:35 (JD 2457844.373322)

Full range of obs: 2015 Oct. 16-2016 Nov. 22 (34 observations)

Find_Orb ver: Jan 17 2017 13:36:17

Perturbers: 00000060 ; not using JPL DE

Score: 0.701915

Comet C/2014 AA52 – Catalina *

Orbital elements: C/2014 AA52

Perihelion 2014 Jul 20.399774 TT = 9:35:40 (JD 2456858.899774)
Epoch 2014 Mar 30.0 TT = JDT 2456746.5
Earth MOID: 0.0617   Find_Orb

M 335.36537
n 0.21916967   Peri. 321.20039
a 2.72447237   Node 296.65184
e 0.6313159   Incl.   16.66476
P 4.50   q 1.00446959 Q 4.44447515

***9 of 16 observations 2014 Mar. 21-30; mean residual 0".28
Arkansas Sky Observatories H45
Orbit appears perturbed during observational sequence**

\# State vector (heliocentric equatorial J2000):

\# -1.596745216245 +0.595517063459 -0.135339067361 AU

\# +4.701614202380 -13.169060307095 -6.484271325844 mAU/day

\# MOIDs: Me 0.5431 Ve 0.3024 Ea 0.0617 Ma 0.2281

\# MOIDs: Ju 1.0367 Sa 4.7484 Ur 14.7416 Ne 25.5187

\# Elements written: 31 Mar 2017 20:59:11 (JD 2457844.374433)

\# Full range of obs: 2014 Mar. 21-Apr. 24 (16 observations)

\# Find_Orb ver: Jan 17 2017 13:36:17

\# Perturbers: 00000000 (unperturbed orbit); not using JPL DE

\# Tisserand relative to Earth: 2.81968

\# Tisserand relative to Jupiter: 2.98505

\# Earth encounter velocity 12.7394 km/s

\# Barbee-style encounter velocity: 12.8843 km/s

\# Score: 0.052463

Comet C/2014 B1 - Schwartz

Orbital elements: C/2014 B1

Perihelion 2016 Feb 8.283049 TT = 6:47:35 (JD 2457426.783049)
Epoch 2016 Mar 4.0 TT = JDT 2457451.5
Earth MOID: 0.7759   Find_Orb

M   4.46468
n   0.18063258   Peri. 262.47633
a   3.09935969   Node   228.86558
e   0.4419654   Incl.   9.72004
P   5.46   M(N) 15.2   K 10.0   q 1.72954985   Q 4.46916953

7 of 8 observations 2016 Jan. 14-Mar. 4; mean residual 0".93
Arkansas Sky Observatories H45

State vector (heliocentric equatorial J2000):

-1.393657594231 +1.038275977391 +0.130793070607 AU

-9.999860902738 -11.038608653999 -4.717643484310 mAU/day

MOIDs: Me 1.4140 Ve 1.0391 Ea 0.7759 Ma 0.3343

MOIDs: Ju 1.0525 Sa 5.5789 Ur 15.4045 Ne 25.6821

Elements written: 31 Mar 2017 21:00:50 (JD 2457844.375579)

Full range of obs: 2016 Jan. 14-Mar. 4 (8 observations)

Find_Orb ver: Jan 17 2017 13:36:17

Perturbers: 00000000 (unperturbed orbit); not using JPL DE

Tisserand relative to Jupiter: 3.04359

Score: 0.346098

Comet C/2014 C3 - NEOWISE

Orbital elements: C/2014 C3

Perihelion 2014 Jan 16.750832 +/- 0.0116 TT = 18:01:11 (JD 2456674.250832)
Epoch 2014 May 3.0 TT = JDT 2456780.5
Earth MOID: 0.8663   Find_Orb

M   0.08929 +/- 0.0019
n   0.00084042 +/- 1.88e-5   Peri. 345.88863 +/- 0.0059
a 111.208205 +/- 1.58   Node 204.40883 +/- 0.0009
e   0.9832553 +/- 0.000247   Incl. 151.78588 +/- 0.0008
P1172.75   M(N) 13.5   K 10.0   U 5.4
q 1.86214216 +/- 6.01e-5   Q 220.554269 +/- 3.23

From 72 observations 2014 Mar. 7-May 3; mean residual 0".37
Arkansas Sky Observatories H45

State vector (heliocentric equatorial J2000):

-2.156732463127 +0.046495996191 +0.715635877386 AU

-2.844486487570 +9.828611325061 +12.370792030024 mAU/day

MOIDs: Me 1.4266 Ve 1.1507 Ea 0.8663 Ma 0.2805

MOIDs: Ju 2.0277 Sa 2.4154 Ur 2.9688 Ne 2.3430

Elements written: 31 Mar 2017 21:02:26 (JD 2457844.376690)

Full range of obs: 2014 Mar. 7-May 3 (72 observations)

Find_Orb ver: Jan 17 2017 13:36:17

Perturbers: 00000000 (unperturbed orbit); not using JPL DE

Tisserand relative to Jupiter: -1.43796

Tisserand relative to Neptune: -0.34725

Score: 0.860915

C/2014 C3 seen faintly above center in this image. Arkansas Sky Observatories H45.

Comet C/2014 N3 - NEOWISE

Orbital elements: C/2014 N3

Perihelion 2015 Mar 13.118867 +/- 0.14 TT = 2:51:10 (JD 2457094.618867)
Epoch 2016 Feb 7.0 TT = JDT 2457425.5

M   0.00054 +/- 0.0010
n   0.00000163 +/- 3.69e-6   Peri. 353.54478 +/- 0.045
a 7130.23071 +/- 10873   Node   19.92934 +/- 0.0025
e   0.9994555 +/- 0.00082   Incl.   61.64195 +/- 0.0035
P 602081   M(N) 6.6   K 10.0   U 4.3
q 3.88170529 +/- 0.00143   Q 14256.5797 +/- 6890

**From 22 observations 2015 Oct. 19-2016 Feb. 7; mean residual 0".22
Arkansas Sky Observatories H45**

\# State vector (heliocentric equatorial J2000):

\#   +2.608869520150 +1.256989033709 +3.833299029877 AU

\#   -5.183379167692 -0.537295614543 +9.797508932836 mAU/day

\# MOIDs: Me 3.5447 Ve 3.1571 Ea 2.8877 Ma 2.4734

\# MOIDs: Ju 1.0623 Sa 5.4626 Ur 13.0739 Ne 16.9357

\# Elements written: 31 Mar 2017 21:03:53 (JD 2457844.377697)

\# Full range of obs: 2015 Oct. 19-2016 Feb. 7 (22 observations)

\# Find_Orb ver: Jan 17 2017 13:36:17

\# Perturbers: 00000000 (unperturbed orbit); not using JPL DE

\# Tisserand relative to Jupiter: 1.16093

\# Tisserand relative to Neptune: 0.48685

\# Score: 0.719565

Comet C/2015 D3 – PANSTARRS *

Orbital elements: C/2015 D3

Perihelion 2015 Mar 28.177061 +/- 745 TT = 4:14:58 (JD 2457109.677061)
Epoch 2016 Jan 17.0 TT = JDT 2457404.5

M 55.95936 +/- 100
n 0.18980667 +/- 0.269   Peri. 254.28613 +/- 60
a 2.99866802 +/- 2.83   Node 158.42952 +/- 8
e 0.3469430 +/- 0.236   Incl. 12.30402 +/- 26
P 5.19   M(N) 13.1   K 10.0   U 11.9 SR
q 1.95830102 +/- 1.71   Q 4.03903503 +/- 10.7

***From 6 observations 2016 Jan. 17 (12.4 min); mean residual 0".28**
Arkansas Sky Observatories H45

State vector (heliocentric equatorial J2000):

-2.332657188088 +1.342513602084 +0.472098915647 AU

-8.385646887496 -6.854144266385 -0.779905088879 mAU/day

MOIDs: Me 1.6520 Ve 1.2538 Ea 1.0092 Ma 0.5972

MOIDs: Ju 1.6210 Sa 5.9096 Ur 14.6442 Ne 26.3578

Elements written: 31 Mar 2017 21:06:09 (JD 2457844.379271)

Full range of obs: 2016 Jan. 17 (12.4 min) (6 observations)

Find_Orb ver: Jan 17 2017 13:36:17

Perturbers: 00000001 ; not using JPL DE

Tisserand relative to Jupiter: 3.12648

Score: -0.242498

Comet C/2015 F4 - Jacques

Orbital elements: C/2015 F4

Perihelion 2015 Aug 10.856098 +/- 0.000161 TT = 20:32:46 (JD 2457245.356098)
Epoch 2016 Feb 7.0 TT = JDT 2457425.5
Earth MOID: 0.7318   Ur: 0.9071

```
M   0.14259 +/- 0.000052                    Find_Orb
n   0.00079157 +/- 2.89e-7      Peri.  36.34441 +/- 0.00011
a 115.737467 +/- 0.0282         Node  285.95577 +/- 0.000023
e   0.9857964 +/- 3.45e-6       Incl.  48.70513 +/- 0.000027
P1245.12         M(N) 11.3    K  10.0    U  2.6
q 1.64388802 +/- 1.49e-6    Q 229.831047 +/- 0.0563
```

From 74 observations 2015 July 13-2016 Feb. 7; mean residual 0".23
Arkansas Sky Observatories H45

\# State vector (heliocentric equatorial J2000):

\#   +1.243675342256 +0.768464858544 +2.380459595510 AU

\#   -1.769953231364 +11.984539379544 +7.907978397317 mAU/day

\# MOIDs: Me 1.2791 Ve 1.0047 Ea 0.7318 Ma 0.3820

\# MOIDs: Ju 2.0469 Sa 1.6173 Ur 0.9071 Ne 3.9003

\# Elements written: 31 Mar 2017 21:07:46 (JD 2457844.380394)

\# Full range of obs: 2015 July 13-2016 Feb. 7 (74 observations)

\# Find_Orb ver: Jan 17 2017 13:36:17

\# Perturbers: 00000020 ; not using JPL DE

\# Tisserand relative to Jupiter: 1.09039

\# Tisserand relative to Neptune: 0.69469

\# Score: 0.721481

A beautiful classic comet C/2015 F4 from July 13, 2015
Arkansas Sky Observatories H45, P. Clay Sherrod

Comet C/2015 T4 – PANSTARRS *

Orbital elements: C/2015 T4

Perihelion 2015 Oct 14.318118 +/- 160 TT = 7:38:05 (JD 2457309.818118)
Epoch 2015 Nov 19.0 TT = JDT 2457345.5
Earth MOID: 0.0065   Find_Orb

M   9.02564 +/- 54
n   0.25294752 +/- 0.253   Peri. 145.37759 +/- 90
a   2.47618119 +/- 1.65   Node   226.84623 +/- 59
e   0.6236551 +/- 0.272   Incl. 13.02962 +/- 21
P   3.90   M(N) 22.5   K 10.0   U 11.8 SR
q 0.93189804 +/- 0.775   Q 4.02046434 +/- 13

***From 5 observations 2015 Nov. 19 (8.2 min); mean residual 0".21
Arkansas Sky Observatories H45**

State vector (heliocentric equatorial J2000):

+0.562754065721 +0.835220445614 +0.312051967293 AU

-13.312028629045 +16.158691514916 +1.870292564550 mAU/day

MOIDs: Me 0.6018 Ve 0.2412 Ea 0.0065 Ma 0.3192

MOIDs: Ju 1.5869 Sa 5.6756 Ur 14.3748 Ne 26.3222

Elements written: 31 Mar 2017 21:09:03 (JD 2457844.381285)

Full range of obs: 2015 Nov. 19 (8.2 min) (5 observations)

Find_Orb ver: Jan 17 2017 13:36:17

Perturbers: 00000001 ; not using JPL DE

Tisserand relative to Earth: 2.80065

Tisserand relative to Jupiter: 3.15208

Earth encounter velocity 13.3944 km/s

Barbee-style encounter velocity: 12.4036 km/s

Score: -0.280871

Comet C/2015 TQ209 - LINEAR

Orbital elements: C/2015 TQ209

Perihelion 2016 Aug 27.701195 +/- 0.167 TT = 16:49:43 (JD 2457628.201195)
Epoch 2016 Feb 4.0 TT = JDT 2457422.5
Earth MOID: 0.4825   Ju: 0.3404

M 359.99014 +/- 0.012   Find_Orb
n   0.00004793 +/- 4.62e-5   Peri. 281.53571 +/- 0.040
a 750.575516 +/- 478   Node 224.08378 +/- 0.0014
e   0.9981174 +/- 0.00121   Incl. 11.39483 +/- 0.0033
P 20563   M(N) 10.1   K 10.0   U 6.0
q 1.41300548 +/- 0.000121   Q 1499.73802 +/- 477

From 14 observations 2015 Dec. 15-2016 Feb. 4; mean residual 0".27
Arkansas Sky Observatories H45

State vector (heliocentric equatorial J2000):

+1.902516019182 +2.209960929994 +0.874084237805 AU

-13.665460793673 -1.351833709421 -2.332413227176 mAU/day

MOIDs: Me 1.0868 Ve 0.7385 Ea 0.4825 Ma 0.2072

MOIDs: Ju 0.3404 Sa 1.4008 Ur 3.1978 Ne 5.3283

Elements written: 31 Mar 2017 21:10:49 (JD 2457844.382512)

Full range of obs: 2015 Dec. 15-2016 Feb. 4 (14 observations)

Find_Orb ver: Jan 17 2017 13:36:17

Perturbers: 00000000 (unperturbed orbit); not using JPL DE

Tisserand relative to Earth: 3.29566

Tisserand relative to Jupiter: 1.45113

Tisserand relative to Neptune: 0.64083

Score: 0.769918

Comet C/2015 V1 - PANSTARRS

Orbital elements: C/2015 V1

Perihelion 2017 Dec 17.996638 +/- 0.0118 TT = 23:55:09 (JD 2458105.496638)
Epoch 2017 Feb 19.0 TT = JDT 2457803.5   Ju: 0.6842

q   4.26562752 +/- 5.75e-5
M(N) 6.5 K 10.0   Peri. 179.68598 +/- 0.0012
Node   197.19466 +/- 0.00015
e   1.0004283 +/- 0.000115   Incl. 139.23036 +/- 0.00011

From 46 observations 2016 Mar. 2-2017 Feb. 19; mean residual 0".19
Arkansas Sky Observatories H45

State vector (heliocentric equatorial J2000):

+2.656217993264 +2.344128121662 +3.436489251135 AU

+6.181146369714 -2.995692867433 -8.529884093680 mAU/day

MOIDs: Me 3.9297 Ve 3.5414 Ea 3.2672 Ma 2.8545

MOIDs: Ju 0.6842 Sa 5.1136 Ur 10.2935 Ne 13.5970

Elements written: 31 Mar 2017 21:12:18 (JD 2457844.383542)

Full range of obs: 2016 Mar. 2-2017 Feb. 19 (46 observations)

Find_Orb ver: Jan 17 2017 13:36:17

Perturbers: 00000000 (unperturbed orbit); not using JPL DE

Score: 0.692866

Comet C/2015 V2 - Johnson

Orbital elements: C/2015 V2

Perihelion 2017 Jun 12.343391 TT = 8:14:29 (JD 2457916.843391)
Epoch 2017 Mar 28.0 TT = JDT 2457840.5
Earth MOID: 0.6422   Find_Orb

q   1.63698014
M(N) 6.1 K 10.0 Peri. 164.89676
Node   69.85071
e   1.0017620   Incl. 49.87532

**99 of 103 observations 2015 Nov. 19-2017 Mar. 28; mean residual 0".24
Arkansas Sky Observatories H45**

State vector (heliocentric equatorial J2000):

-1.339949280631 -0.982984531774 +0.970896873573 AU

+4.679965746532 -7.872688438951 -14.964318392690 mAU/day

MOIDs: Me 1.1861 Ve 0.9238 Ea 0.6422 Ma 0.1637

MOIDs: Ju 3.3482 Sa 4.2181 Ur 4.7621 Ne 5.5614

Elements written: 31 Mar 2017 21:13:50 (JD 2457844.384606)

Full range of obs: 2015 Nov. 19-2017 Mar. 31 (103 observations)

Find_Orb ver: Jan 17 2017 13:36:17

Perturbers: 00000060 ; not using JPL DE

Score: 0.735953

A beautiful curving tail of comet C/2015 V2 Johnson from March, 2017. The comet continued to intensify and brighten in weeks following this photograph from Arkansas Sky Observatories

Comet C/2015 VL62 – Lemmon-Yeung-PANSTARRS

Orbital elements: C/2015 VL62

Perihelion 2017 Aug 28.705337 +/- 0.215 TT = 16:55:41 (JD 2457994.205337)
Epoch 2017 Jan 8.0 TT = JDT 2457761.5   Ju: 0.8596   Sa: 0.7922   Ur: 0.6772

q 2.71862144 +/- 0.00376
Peri. 128.40162 +/- 0.09
Node   94.53454 +/- 0.019
e 1.0016384 +/- 0.000587   Incl. 165.61301 +/- 0.0020

From 17 observations 2016 Dec. 1-2017 Jan. 8; mean residual 0".10 Arkansas Sky Observatories H45

State vector (heliocentric equatorial J2000):

+3.146691215355 +1.082324549968 +1.380345476620 AU

-0.881540325819 -11.536809909279 -5.530103873563 mAU/day

MOIDs: Me 2.3365 Ve 2.0207 Ea 1.7357 Ma 1.4007

MOIDs: Ju 0.8596 Sa 0.7922 Ur 0.6772 Ne 1.7537

Elements written: 31 Mar 2017 21:15:26 (JD 2457844.385718)

Full range of obs: 2016 Dec. 1-2017 Jan. 8 (17 observations)

Find_Orb ver: Jan 17 2017 13:36:17

Perturbers: 00000000 (unperturbed orbit); not using JPL DE

Score: 0.603093

Comet C/2015 W1 - Gibbs

Orbital elements: C/2015 W1

Perihelion 2016 May 17.131018 +/- 0.0747 TT = 3:08:40 (JD 2457525.631018)
Epoch 2016 Mar 1.0 TT = JDT 2457448.5

q   2.23245830 +/- 0.000702
M(N) 12.5 K 10.0   Peri.   48.08612 +/- 0.034
Node   114.31539 +/- 0.00059
e   1.0020780 +/- 0.000768   Incl.   87.33210 +/- 0.015

From 15 observations 2016 Jan. 13-Mar. 1; mean residual 0".42
Arkansas Sky Observatories H45

State vector (heliocentric equatorial J2000):

-0.973843477431 +1.617961615374 +1.482563576656 AU

+2.939087759485 -12.587810087162 +8.926848798973 mAU/day

MOIDs: Me 1.9832 Ve 1.6847 Ea 1.4860 Ma 0.9183

MOIDs: Ju 2.4004 Sa 1.3337 Ur 2.5280 Ne 8.0656

Elements written: 31 Mar 2017 21:16:59 (JD 2457844.386794)

Full range of obs: 2016 Jan. 13-Mar. 1 (15 observations)

Find_Orb ver: Jan 17 2017 13:36:17

Perturbers: 00000000 (unperturbed orbit); not using JPL DE

Score: 0.919749

Comet C/2015 X4 - Elenin

Orbital elements: C/2015 X4

Perihelion 2015 Nov 3.516727 +/- 0.0348 TT = 12:24:05 (JD 2457330.016727)
Epoch 2016 Mar 22.0 TT = JDT 2457469.5

M   1.78041 +/- 0.00050
n   0.01276437 +/- 3.88e-6   Peri. 176.33982 +/- 0.007
a   18.1330053 +/- 0.00367   Node 262.63563 +/- 0.00011
e   0.8127859 +/- 3.72e-5   Incl. 29.50449 +/- 0.00054
P 77.22   M(N) 9.4   K 10.0   U 4.4
q 3.39475391 +/- 6.76e-5   Q 32.8712567 +/- 0.00732

From 30 observations 2015 Dec. 9-2016 Mar. 22; mean residual 0".21
Arkansas Sky Observatories H45

\# State vector (heliocentric equatorial J2000):

\#   -0.883959499665 +3.413979003185 +0.670718279669 AU

\# -10.613694521497 +1.231424715612 -5.863269579619 mAU/day

\# MOIDs: Me 3.0874 Ve 2.6748 Ea 2.4107 Ma 1.8468

\# MOIDs: Ju 1.6993 Sa 4.4216 Ur 4.7307 Ne 1.1619

\# Elements written: 31 Mar 2017 21:19:08 (JD 2457844.388287)

\# Full range of obs: 2015 Dec. 9-2016 Mar. 22 (30 observations)

\# Find_Orb ver: Jan 17 2017 13:36:17

\# Perturbers: 00000000 (unperturbed orbit); not using JPL DE

\# Tisserand relative to Jupiter: 2.17993

\# Tisserand relative to Neptune: 2.44570

\# Score: 0.615414

Comet C/2015 X8 - NEOWISE

Orbital elements: C/2015 X8

Perihelion 2016 Jun 4.596008 +/- 3.09 TT = 14:18:15 (JD 2457544.096008)
Epoch 2016 Jan 28.0 TT = JDT 2457415.5
Earth MOID: 0.0356   Ve: 0.0161

M 195.77278 +/- 0.31   Find_Orb
n 1.27707863 +/- 0.0294   Peri. 255.87773 +/- 1.3
a 0.84137762 +/- 0.0129   Node   37.47646 +/- 1.5
e 0.2173190 +/- 0.024   Incl.   3.06474 +/- 0.32
P 0.77/281.89d   M(N) 23.6   K 10.0   U 10.4
q 0.65853023 +/- 0.0303   Q 1.02422501 +/- 0.00445

From 12 observations 2016 Jan. 5-28; mean residual 0".31
Arkansas Sky Observatories H45

State vector (heliocentric equatorial J2000):

-0.565925046661 +0.754848806994 +0.386555536767 AU

-12.136719705806 -8.286139328789 -3.579576046808 mAU/day

MOIDs: Me 0.2048 Ve 0.0161 Ea 0.0356 Ma 0.5661

MOIDs: Ju 4.0992 Sa 8.0103 Ur 17.3601 Ne 28.8790

Elements written: 31 Mar 2017 21:21:19 (JD 2457844.389803)

Full range of obs: 2016 Jan. 5-28 (12 observations)

Find_Orb ver: Jan 17 2017 13:36:17

Perturbers: 00000408 (Sun/Earth/Moon); not using JPL DE

Tisserand relative to Earth: 2.97665

Earth encounter velocity 4.5838 km/s

Barbee-style encounter velocity: 6.5677 km/s

Score: 0.199272

Comet C/2015 Y1 - LINEAR

Orbital elements: C/2015 Y1

Perihelion 2016 May 15.207601 +/- 0.00517 TT = 4:58:56 (JD 2457523.707601)
Epoch 2016 Apr 7.0 TT = JDT 2457485.5

M 359.99194 +/- 0.00008
n 0.00021080 +/- 2.21e-6   Peri. 24.71963 +/- 0.0019
a 279.603750 +/- 1.96   Node 135.77886 +/- 0.00018
e 0.9910094 +/- 6.27e-5   Incl. 71.21289 +/- 0.0011
P4675.35   M(N) 11.4   K 10.0   U 4.0
q 2.51379985 +/- 4.89e-5   Q 556.693700 +/- 4.03

**From 33 observations 2016 Jan. 11-Apr. 7; mean residual 0".30
Arkansas Sky Observatories H45**

State vector (heliocentric equatorial J2000):

-1.903023164952 +1.298322513052 +1.087182913908 AU

+0.135712186624 -11.525659029926 +9.920174388300 mAU/day

MOIDs: Me 2.1849 Ve 1.8319 Ea 1.5896 Ma 0.9328

MOIDs: Ju 2.6400 Sa 5.5983 Ur 5.4102 Ne 3.9105

Elements written: 31 Mar 2017 21:22:43 (JD 2457844.390775)

Full range of obs: 2016 Jan. 11-Apr. 7 (33 observations)

Find_Orb ver: Jan 17 2017 13:36:17

Perturbers: 00000000 (unperturbed orbit); not using JPL DE

Tisserand relative to Jupiter: 0.65032

Tisserand relative to Neptune: 0.37033

Score: 0.796960

Comet C/2015 Y1 showing as a very small diffuse "stellar" object among a field of stars. Arkansas Sky Observatories H45 photograph

Comet C/2015 YG1 - NEOWISE

Orbital elements: C/2015 YG1

Perihelion 2015 Sep 25.205138 +/- 4.63 TT = 4:55:23 (JD 2457290.705138)
Epoch 2016 Mar 2.0 TT = JDT 2457449.5

M   5.07464 +/- 4.5
n   0.03195722 +/- 0.0354   Peri. 90.96752 +/- 26
a   9.83460006 +/- 6.74   Node   353.10805 +/- 6
e   0.8191540 +/- 0.116   Incl. 50.32164 +/- 15
P   30.84   M(N) 13.2   K 10.0   U 10.5
q   1.77854790 +/- 0.654   Q 17.8906522 +/- 53.2

From 12 observations 2016 Jan. 13-Mar. 2; mean residual 1".86
Arkansas Sky Observatories H45

State vector (heliocentric equatorial J2000):

-2.285433694835 +0.492669066198 +0.920423415273 AU

-11.660560617370 -1.302360832554 -8.233458988240 mAU/day

MOIDs: Me 1.5765 Ve 1.4004 Ea 1.3161 Ma 0.9277

MOIDs: Ju 1.1523 Sa 4.8834 Ur 12.6926 Ne 22.8337

Elements written: 31 Mar 2017 21:24:12 (JD 2457844.391806)

Full range of obs: 2016 Jan. 13-Mar. 2 (12 observations)

Find_Orb ver: Jan 17 2017 13:36:17

Perturbers: 00000000 (unperturbed orbit); not using JPL DE

Tisserand relative to Jupiter: 1.53602

Score: 2.265834

Comet C/2016 A1 - PANSTARRS

Orbital elements: C/2016 A1

Perihelion 2017 Nov 23.060273 +/- 0.829 TT = 1:26:47 (JD 2458080.560273)
Epoch 2017 Mar 24.0 TT = JDT 2457836.5   Ju: 0.0742

q   5.32877118 +/- 0.00354
M(N) 6.2 K 10.0   Peri.   10.27970 +/- 0.10
Node   128.17364 +/- 0.012
e   1.0016661 +/- 0.00287   Incl. 121.18252 +/- 0.027

**From 16 observations 2016 Dec. 29-2017 Mar. 24; mean residual 0".23
Arkansas Sky Observatories H45**

State vector (heliocentric equatorial J2000):

-3.983563700805 +3.968829163450 +0.240163927347 AU

+3.833404291422 -0.085879740722 +9.515313934746 mAU/day

MOIDs: Me 5.0048 Ve 4.6144 Ea 4.3550 Ma 3.6983

MOIDs: Ju 0.0742 Sa 3.7346 Ur 13.0574 Ne 17.3456

Elements written: 31 Mar 2017 21:25:54 (JD 2457844.392986)

Full range of obs: 2016 Dec. 29-2017 Mar. 24 (16 observations)

Find_Orb ver: Jan 17 2017 13:36:17

Perturbers: 00000000 (unperturbed orbit); not using JPL DE

Score: 0.734725

Comet C/2016 T3 - PANSTARRS

Orbital elements: C/2016 T3

Perihelion 2017 Sep 6.899511 +/- 0.0369 TT = 21:35:17 (JD 2458003.399511)
Epoch 2017 Feb 20.0 TT = JDT 2457804.5

M 359.89361 +/- 0.0045
n 0.00053486 +/- 2.23e-5   Peri. 194.66225 +/- 0.0044
a 150.304639 +/- 4.17   Node 271.74751 +/- 0.0032
e 0.9823710 +/- 0.00049   Incl. 22.67525 +/- 0.0010
P1842.72   M(N) 10.5   K 10.0   U 5.6
q 2.64970942 +/- 0.000204   Q 297.959568 +/- 7.91

**From 24 observations 2016 Dec. 20-2017 Feb. 20; mean residual 0".41
Arkansas Sky Observatories H45**

State vector (heliocentric equatorial J2000):

+1.892712374306 +2.083818298048 +1.801446213370 AU

-11.990268604079 +4.335589094060 -3.542190685292 mAU/day

MOIDs: Me 2.3433 Ve 1.9376 Ea 1.6728 Ma 1.0740

MOIDs: Ju 1.8180 Sa 3.1966 Ur 3.4710 Ne 4.4004

Elements written: 31 Mar 2017 21:27:17 (JD 2457844.393947)

Full range of obs: 2016 Dec. 20-2017 Feb. 20 (24 observations)

Find_Orb ver: Jan 17 2017 13:36:17

Perturbers: 00000000 (unperturbed orbit); not using JPL DE

Tisserand relative to Jupiter: 1.88877

Tisserand relative to Neptune: 0.97136

Score: 0.902593

Comet C/2016 VZ18 - PANSTARRS

Orbital elements: C/2016 VZ18

Perihelion 2017 Mar 7.380076 +/- 0.000291 TT = 9:07:18 (JD 2457819.880076)
Epoch 2017 Mar 20.0 TT = JDT 2457832.5
Earth MOID: 0.0199   Ju: 0.4325

M   0.00466 +/- 0.00009   Sa: 0.2484   Find_Orb
n   0.00036930 +/- 7.62e-6   Peri. 36.38591 +/- 0.00057
a 192.403544 +/- 2.39   Node   98.95598 +/- 0.0013
e   0.9952689 +/- 6.37e-5   Incl. 24.03518 +/- 0.0009
P2668.82   M(N) 18.9   K 10.0   U 4.8
q 0.91026199 +/- 4.26e-6   Q 383.896826 +/- 4.56

From 42 observations 2017 Feb. 16-Mar. 20; mean residual 0".45
Arkansas Sky Observatories H45

State vector (heliocentric equatorial J2000):

-0.784515260077 +0.244746916550 +0.452191974377 AU

-12.805589118901 -21.511589520294 -1.635151889087 mAU/day

MOIDs: Me 0.5813 Ve 0.2258 Ea 0.0199 Ma 0.3739

MOIDs: Ju 0.4325 Sa 0.2484 Ur 1.5134 Ne 3.8724

Elements written: 31 Mar 2017 21:28:42 (JD 2457844.394931)

Full range of obs: 2017 Feb. 16-Mar. 20 (42 observations)

Find_Orb ver: Jan 17 2017 13:36:17

Perturbers: 00000000 (unperturbed orbit); not using JPL DE

Tisserand relative to Earth: 2.46684

Tisserand relative to Jupiter: 1.10620

Tisserand relative to Neptune: 0.60520

Earth encounter velocity 21.9053 km/s
Barbee-style encounter velocity: 20.2992 km/s
Score: 0.945774

Comet C/2016 VZ18 from Arkansas Sky Observatories, March 20, 2017

Comet C/2017 A1 - PANSTARRS

Orbital elements: C/2017 A1

Perihelion 2017 May 17.024651 +/- 0.128 TT = 0:35:29 (JD 2457890.524651)
Epoch 2017 Mar 20.0 TT = JDT 2457832.5

M 359.92457 +/- 0.013
n 0.00129989 +/- 0.000215   Peri. 1.99904 +/- 0.053
a 83.1503872 +/- 9.19   Node 121.05127 +/- 0.023
e 0.9724412 +/- 0.00302   Incl. 49.80828 +/- 0.020
P 758.22   M(N) 12.7   K 10.0   U 7.1
q 2.29152308 +/- 0.00151   Q 164.009251 +/- 14

From 17 observations 2017 Jan. 24-Mar. 20; mean residual 0".33
Arkansas Sky Observatories H45

State vector (heliocentric equatorial J2000):

-0.687587001068 +2.262171245966 +0.284313347227 AU

-9.860336676407 -7.388289715995 +9.651348401258 mAU/day

MOIDs: Me 1.9685 Ve 1.5731 Ea 1.3078 Ma 0.6527

MOIDs: Ju 2.9564 Sa 6.2863 Ur 9.0236 Ne 10.1880

Elements written: 31 Mar 2017 21:30:12 (JD 2457844.395972)

Full range of obs: 2017 Jan. 24-Mar. 20 (17 observations)

Find_Orb ver: Jan 17 2017 13:36:17

Perturbers: 00000000 (unperturbed orbit); not using JPL DE

Tisserand relative to Jupiter: 1.26553

Tisserand relative to Neptune: 0.86203

Score: 0.817231

NOTES:

NOTES:

www.ingramcontent.com/pod-product-compliance
Lightning Source LLC
Chambersburg PA
CBHW080905170526
45158CB00008B/1997